U0179805

本项目受国家自然科学基金委员会重大研究计划
“单量子态的探测及相互作用”资助

总主编 杨 卫

单量子态的探测及相互作用

Detection and Interaction of Single Quantum States

单量子态的探测及相互作用项目组 编

“中国基础研究报告”
编辑委员会

总　序

合抱之木生于毫末，九层之台起于垒土。基础研究是实现创新驱动发展的根本途径，其发展水平是衡量一个国家科学技术总体水平和综合国力的重要标志。步入新世纪以来，我国基础研究整体实力持续增强。在投入产出方面，全社会基础研究投入从 2001 年的 52.2 亿元增长到 2016 年的 822.9 亿元，增长了 14.8 倍，年均增幅 20.2%；同期，SCI 收录的中国科技论文从不足 4 万篇增加到 32.4 万篇，论文发表数量全球排名从第六位跃升至第二位。在产出质量方面，我国在 2016 年有 9 个学科的论文被引用次数跻身世界前两位，其中材料科学领域论文被引用次数排在世界首位；近两年，处于世界前 1% 的高被引国际论文数量和进入本学科前 1‰ 的国际热点论文数量双双位居世界排名第三位，其中国际热点论文占全球总量的 25.1%。在人才培养方面，2016 年我国共 175 人（内地 136 人）入选汤森路透集团全球“高被引科学家”名单，入选人数位列全球第四，成为亚洲国家中入选人数最多的国家。

与此同时，也必须清醒认识到，我国基础研究还面临着诸多挑战。一是基础研究投入与发达国家相比还有较大差距——在我国的科学研究与试验发展（R&D）经费中，用于基础研究的仅占 5% 左右，与发达国家 15%~20% 的投入占比相去甚远。二是源头创新动力不足，具有世界影响力的重大原创成果较少——大多数的科研项目都属于跟踪式、模仿式的研究，缺少真正开创性、引领性的研究工作。三是学科发展不均衡，部分学科同国际水平差距明显——我国各学科领域加权的影响力指数（FWCI 值）在 2016 年刚达到 0.94，仍低于 1.0 的世界平均值。

中国政府对基础研究高度重视，在“十三五”规划中，确立了科技创新在全面创新中的引领地位，提出了加强基础研究的战略部署。习近平总书记在 2016 年全国科技创新大会上提出建设世界科技强国的宏伟蓝图，并在 2017 年 10 月 18 日中国共产党第十九次全国代表大会上强调“要瞄准世界科技前沿，强化基础研究，实现前瞻性基础研究、引领性原创成果重大突破”。国家自然科学基金委员会作为我国支持基础研究的主渠道之一，经过 30 多年的探索，逐步建立了包括研究、人才、工具、融合四个系列的资助格局，着力推进基础前沿研究，促进科研人才成长，加强创新研究团队建设，加深区域合作交流，推动学科交叉融合。2016 年，中国发表的科学论文近七成受到国家自然科学基金资助，全球发表的科学论文中每 9 篇就有 1 篇得到国家自然科学基金资助。进入新时代，面向建设世界科技强国的战略目标，国家自然科学基金委员会将着力加强前瞻部署，提升资助效率，力争到 2050 年，循序实现与主要创新型国家总量并行、贡献并行以至源头并行的战略目标。

“中国基础研究前沿”和“中国基础研究报告”两套丛书正是在这样的背景下应运而生的。这两套丛书以“科学、基础、前沿”为定位，以“共享基础研究创新成果，传播科学基金资助绩效，引领关键领域前沿突破”为宗旨，紧密围绕我国基础研究动态，把握科技前沿脉搏，以科学基金各类资助项目的研究成果为基础，选取优秀创新成果汇总整理后出版。其中“中国基础研究前沿”丛书主要展示基金资助项目产生的重要原创成果，体现科学前沿突破和前瞻引领；“中国基础研究报告”丛书主要展示重大资助项目结题报告的核心内容，体现对科学基金优先资助领域资助成果的系统梳理和战略展望。通过该系列丛书的出版，我们不仅期望能全面系统地展示基金资助项目的立项背景、科学意义、学科布局、前沿突破以及对后续研究工作的战略展望，更期望能够提炼创新思路，促进学科融合，引领相关学科研究领域的持续发展，推动原创发现。

积土成山，风雨兴焉；积水成渊，蛟龙生焉。希望“中国基础研究前沿”和“中国基础研究报告”两套丛书能够成为我国基础研究的“史书”记载，为今后的研究者提供丰富的科研素材和创新源泉，对推动我国基础研究发展和世界科技强国建设起到积极的促进作用。

第七届国家自然科学基金委员会党组书记、主任

中国科学院院士

2017 年 12 月于北京

前　言

对光子、电子、原子分子、凝聚态乃至人工原子系统中的单量子态和量子效应的研究，是现代物质科学研究的基础、着力点和前沿，是学科交叉研究的科学源泉。2009 年，国家自然科学基金委员会开始实施“单量子态的探测及相互作用”重大研究计划（以下简称本重大研究计划），由数学物理科学部牵头组织实施。本重大研究计划从 2009 年立项至 2017 年顺利结项，共资助项目 107 项，其中战略研究项目 4 项，重点支持项目 26 项，集成项目 16 项，培育项目 61 项。

本重大研究计划定位于单量子态的探测及相互作用，这方面的研究需要集成各种超高时间、空间、能量分辨的精密探测手段和超高真空、极低温、强磁场、超高压等极端条件，必须融合物理、化学、信息、材料、能源等多学科知识和方法，所涉及的核心科学问题自身就具有鲜明的学科交叉特征。同时，单量子态探测及相互作用的研究所取得的成果，特别是由此建立起来的新技术和新方法，又为物理、化学、信息、材料、能源等多学科的发展提供了新的研究手段，无疑会进一步促进交叉学科的发展。

本重大研究计划遵循“有限目标、稳定支持、集成升华、跨越发展”的总体思想，加强顶层设计，围绕单量子态的检测及其相互作用的核心科学问题——单量子态体系的构筑、单量子态的特性及其精密探测、量子态与环境以及量子态之间的相互作用——开展了系统和深入的研究工作，在单量子态的检测及其相互作用重点方向上实现了跨越发展，在单量子态的新现象、新理论和新概念探索，单量子态的新技术和新方法研究，以及单量子态体系的纯化与构筑等方面取得了一批具有国际重大影响的原创性和集成创新性成果，实现了量子反常霍尔效应和铁基高温超导等重大科学突破，发展了国际先进的精密测量方法和技术，提升了我国在量子态体系研究领域的自主创新能力，使我国在单量子态研究方面整体走在国际前列，而且不断凝炼科学目标，积极促进学科交叉，凝聚了相关领域的科研人才，培养和造就了一批核心骨干和优秀学术团队，支撑国家相关计划项目和技术的发展。

项目组总结梳理了本重大研究计划实施以来所取得的重大研究成果，编写了本书并收录到“中国基础研究报告”丛书，希望能够为从事单量子态研究的科研工作者提供参考。

最后，感谢国家自然科学基金委员会对“单量子态的探测及相互作用”重大研究计划的大力支持，感谢数学物理科学部会同信息科学部、化学科学部联合组织实施，感谢指导专家组、管理工作组和秘书组的辛勤工作，更要感谢本重大研究计划所有参研人员做出的巨大贡献。

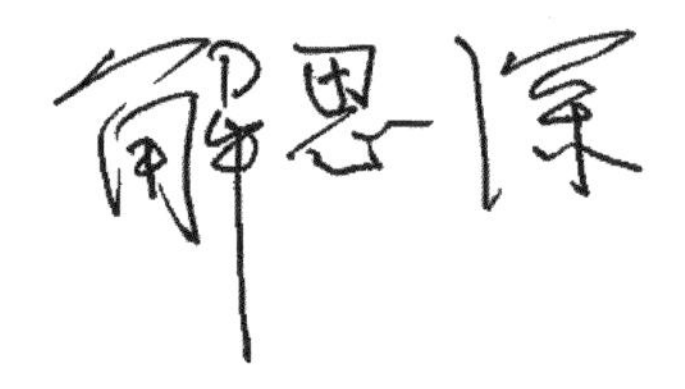

“单量子态的探测及相互作用”重大研究计划指导专家组组长

中国科学院院士

2020 年 3 月 30 日

目　录

第 1 章　项目概况

1.1　项目介绍

“单量子态的探测及相互作用”是国家自然科学基金委员会于 2010 年开始实施的重大研究计划，由数理科学部、信息科学部、化学科学部联合组织，计划实施周期为 8 年，总经费达 2 亿元。自正式启动以来，“单量子态的探测及相互作用”重大研究计划（以下简称本重大研究计划）共资助项目 107 项，其中战略研究项目 4 项，重点支持项目 26 项，集成项目 16 项，培育项目 61 项。

“单量子态制备与操控的研究”是量子物理相关的物质科学研究前沿，是一个极具挑战性的科学研究。本重大研究计划希望通过纯化的单量子态系统的制备和精密的探测，消除多量子态的混合以及统计涨落的影响，在更好地认识量子现象和规律的同时，发现新的量子效应。不同于侧重应用性的其他基础性研究，本重大研究计划更加强调新思想、新技术和新方法的发展，强调各种极端条件和极高探测精度的实现，为未来能源、信息和材料科学的发展和应用提供科学依据与基础性支撑。

本重大研究计划集成了超高时间、空间、能量分辨的精密探测手段和超高真空、极低温、强磁场、超高压等极端条件，融合了物理、化学、信息、材料等多学科的研究方法，围绕单量子态的新现象、新理论和新概念探索，单量子态的新技术和新方法研究，以及单量子态体系的纯化与构筑等方面进行了重点布局，系统性地凝练关键科学问题，实现以下科学目标：①开拓与发展新的精密测量方法，发展制备高品质量子结构的方法与技术，在单量子态水平上更本质地理解物理、化学、信息过程中基本量子机理；②通过对单量子态探测及量子态间相互作用研究，发现若干新奇量子效应；③为量子效应在信息、能源与环境等重大问题研究中的应用提供坚实的物理基础，为国民经济的跨越式可持续发展和国家安全提供基础性与前瞻性的科学技术储备；④造就一支高水平的、结构合理的研究队伍，特别是培养一批精于实验科学的优秀青年学者，提升我国实验科学在国际上的竞争力和地位。

1.1.1 总体科学目标

单量子态研究是微观量子物理研究的前沿，也是一个极具挑战性的研究方向。本重大研究计划希望通过纯化的单量子态系统的制备和精密的探测，消除多量子态的混合以及统计涨落的影响，更好地认识微观量子现象和规律。不同于侧重应用性的基础性研究，这个项目更加强调新思想、新技术和新方法的发展，强调各种极端条件和极高探测精度的实现，为未来的能源、信息和材料科学的发展和应用提供科学的依据和支撑。

单量子态的制备，需要对量子态进行纯化，这需要有极低温、超高真空、超强磁场等极端实验条件和精密的材料制备方法和实验控制。同时，单量子态物理量的信号很弱，必须有很高的测量精度才能将其检测出来，而且单量子态存在的时间往往很短，并且高度局域化，需要高空间分辨和高时间分辨的技术才能探测到。因此，单量子态的探测与相互作用研究，就是要在实验上能够从时间、能量、空间等方面对研究对象进行高分辨、高灵敏的探测。在时间上需达到飞秒的分辨率，以实现对波函数随时间演变规律和动力学过程的直接观测和控制；在空间上需达到原子尺度的分辨率，以实现对波函数的空间分布的精确测量和控制；在能量上需达到亚毫电子伏的分辨率，以实现对相邻能级上量子态的分辨、以及对量子态之间纠缠的精密探测。

达到以上分辨率，实现对单量子态在时间、空间、能量和动量的精准探测和控制，这是当前国际上单量子态研究的一个趋势，也是我们面临的一个极大挑战。要解决这个问题，本重大研究计划围绕新技术新方法的发展、新现象新机理的发现、单量子态的纯化与构筑开展深入的研究工作，并最终实现以下总体科学目标。

①开拓发展新的精密测量方法和手段，并通过对单量子态的精密检测，进一步检验和丰富量子力学的基本问题，从微观本质理解物理、化学、信息、材料等领域中的基本量子现象和机理。通过对不同单量子态及其相互作用的研究，发现若干新奇量子效应，为其在信息处理和能源环境等重大技术的应用中提供坚实的物理基础，为国民经济的跨越式可持续发展和国家安全，提供基础性和前瞻性的科学技术储备。

②通过对单量子态及其相互作用的精密测量和理论研究，提出有原创性的学术思想，形成一些新概念和新技术，引领我国在信息、材料、环境和能源等领域的重大技术发展。逐步形成具有国际影响的学派，造就一支高水平、结构合理的研究队伍，提升我国的科学竞争力和科学地位。

③解决国家在精密实验技术方面的一些重要问题，部分突破某些关键技术依赖于进口的局面，培养一批精于实验科学的优秀青年学者。

本重大研究计划的突出特点主要在三个方面：从研究对象和研究内容上讲，相对比较集中，但要解决的关键科学问题和设定的科学目标对我国在微观量子科学的发展能起到关键的推动作用；从研究方法和实施步骤上讲，注重新的精密实验技术、理论方法的发展以及理论与实验研究的密切结合，注重对交叉学科和新的研究方向的渗透和应用；从研究基础上讲，国内学者已逐渐在国际舞台上崭露头角，为新奇量子现象的发现和应用、为本重大研究计划的实施奠定了基础。

1.1.2 核心科学问题

按照核心科学问题体现基础性、前瞻性、先导性的要求，围绕单量子态的检测及其相互作用这一主线，加强实验研究、促进理论与实验的结合、孕育新概念的产生、注意处理好与国家相关计划项目的区别与衔接。本重大研究计划的核心科学问题包括以下几项。

①单量子态体系的构筑：设计和构筑单量子态体系，实现对单量子态的精确控制。研究具有单量子特性的体系与结构制备中的基本物理问题，探索制备量子体系的新技术与方法及其物理机制。这是探测单量子态、发现新的量子现象和量子效应的物质基础。

②单量子态的特性及其精密探测：设计和发展单量子态的精密检测技术，在此基础上精确表征和探索单量子态的基本特性，掌握其运动的基本规律。这是诞生新方法、新技术的源泉，也是探索微观量子体系关键技术，产生新概念、发现新的量子现象和量子效应的物理基础。

③量子态与环境以及量子态之间的相互作用：精密探测单量子态与光、电、磁、热耦合所产生的量子效应，聚集体中的量子态与量子效应等。对该问题的研究能使研究者更清楚地认识量子体系的物理、化学性质及其演化过程，为新一代的信息技术和能源技术等提供新的原理和方法。这是物理、化学、信息等领域共同关注的焦点问题。

1.2 项目布局

对光子、电子、原子、分子、凝聚态乃至人工原子系统中的量子态和量子效应的研究，是现代物质科学研究的基础、着力点和前沿，是学科交叉研究的科学源泉。

本重大研究计划遵循“有限目标、稳定支持、集成升华、跨越发展”的总体思想，围绕核心科学问题开展创新性基础研究，加强顶层设计，不断凝炼科学目标，积极促进学科交叉，培养创新人才，力争在单量子态的检测及其相互作用重点方向上实现跨越发展，形成一批单量子态检测及其相互作用研究领域的创新概念、理论与方法，提升我国在量子态体系研究领域的自主创新能力，支撑国家相关计划项目和技术的发展。

根据项目的科学目标，本重大研究计划按如下两阶段实施。

①启动及重点支持阶段（2010—2012 年）：重点布局，探索制备单量子体系的新技术与方法，发展单量子态的精密检测技术，掌握单量子态演化的基本规律，研究量子态与环境以及量子态之间的相互作用，为下一阶段项目的集成与升华奠定坚实的人才和研究基础。

②集成升华阶段（2012—2018 年）：在总结前一阶段研究成果的基础上，进一步凝聚科学问题，突出重点，发挥前一阶段优势项目的潜力，加强课题之间的直接合作，促进研究成果的集成和升华，提高本重大研究计划的整体水平。

在项目的实施过程中，为了保证高质量地完成各个阶段的目标，采取了如下措施。

①强化指导专家组“顶层设计、学术指导”的职能，强化重点和集成，整合与集成相近学术方向的研究团队，形成具有统一目标的项目群，体现总体把握、总体推进、科学布局的思想。

②把人才培养放到重要地位，通过项目实施培养一批高水平的青年学

术骨干，在单量子态探测研究领域形成优秀的学术团队。

③每年组织一次全体项目成员的年度学术交流会和多次分专题学术交流会，充分发挥其展示进展、交流思想、促进交叉、整体发展的功能，强化项目群的交流与合作。

④针对发展中出现的新现象，适时聚焦关键问题和方法。例如，针对拓扑绝缘体领域不断涌现的新现象，连续三年安排了 3 个重点项目，集中支持对拓扑绝缘体量子性质的探索。

⑤根据国内外发展状况和项目进展，适时调整资助侧重点。在本重大研究计划启动前两年，对于研究领域活跃、进展较快的两个研究方向——单分子和宏观量子态，加强资助力度。

⑥重视对非共识探索项目的遴选，对有独特学术思想、同行评议意见分歧较大但指导专家组部分专家认为值得探索的申请，给予培育和支持。

1.2.1　项目部署

本重大研究计划的工作指导方针为：实验为基点，方法做支撑；理论要先行，思路有不同；功能做牵引，跨越再提升。具体而言，就是要立足于实验，促进理论与实验的结合，孕育新概念的产生；注意处理好与国家相关计划项目的区别与衔接，强化功底培育，强化能力培育，面向功能研究，期待原型器件，力求技术效果（尽快将器件物理基础中新机理和新效应的发现转化为技术创新），形成创新能力的积累（新机理与新效应在模拟和设计平台上的集成），体现前沿性和前瞻性。

单量子态的检测及其相互作用研究建立在综合性科学研究基础之上，涵盖了许多高精度的极端精密技术。本重大研究计划项目涉及学科多，人员分布广，因此在计划的实施过程中，通过项目群和适度提高资助强度的方式，聚集不同领域的专家队伍，围绕核心科学问题开展研究，为不同领域的科技人员提供基础研究的平台和学科交叉研究与交流的环境，以实现计划项目的不断提炼和升华，促进源头创新思想的产生，达到集成升华的目的。

本重大研究计划的具体实施遵循以下原则：

①把握基础性、前瞻性和交叉性的研究特征，体现国家重大需求和科学前沿的有限目标；

②实行专家学术指导与项目资助管理相结合的管理模式；

③坚持顶层设计的目标导向与科学家自由探索相结合，遴选新项目与整合集成在研项目相结合；

④注意与国家相关计划项目的协调与衔接。

本重大研究计划的具体实施思路如下：

①第 1~3 年,主要布局重点支持项目和培育项目,根据申请和资助情况,分析不足和薄弱环节；

②第 4 年主要布局集成项目，根据布局调整重点支持项目指南，从优势研究方向组织集成项目；

③第 5 年对进展突出的项目进行延续资助，继续布局集成项目，准备中期评估工作；

④第 6 年对项目进行集成和再集成，实现项目的进一步升华，形成亮点和研究特色；

⑤第 7~9 年为“收官”阶段，重点是成果的提炼与升华，归纳和凝练本重大研究计划实施以来的重要进展和成果。

1.2.2　综合集成与学科交叉情况

本重大研究计划定位于单量子态的探测及相互作用，这方面的研究必须融合物理、化学、信息、材料等多学科知识和方法，所涉及的核心科学问题自身就具有鲜明的学科交叉特征。同时，单量子态探测及相互作用的研究所取得的成果，特别是由此建立起来的新技术和新方法，又为物理、化学、信息、材料等多学科的发展提供新的研究手段，会进一步促进交叉学科的发展。

2011 年，在项目年度交流会上，指导专家组形成一致意见，建议本重大研究计划继续以科学问题为导向，对进展快、特色明显的研究领域和方向进行集中支持。

2012 年，指导专家组经充分讨论，决定对已取得突出成果的单分子、单光子和宏观量子态构筑等 3 个方向进行集成，启动了“振动激发态分子的反应动力学研究”“拓扑绝缘体的研究”“超导量子态的精密测量”“单光子灵敏检测、精密光谱测量及微纳结构中光子调控”等 4 个集成项目。

2013 年，组织并启动“集成化固态量子比特的探测和相干操纵”“单分子乃至亚分子尺度的量子态研究”“面向量子模拟、量子随机行走的微纳结构光子芯片研究”“微腔与单量子点耦合单光子发射量子相干探测及器件制备”“量子点操控的单光子探测和圆偏振单光子发射”等 5 个集成项目。

2014 年，组织并启动“复合量子结构中的拓扑量子态与电子纠缠研究”“基于原子与原子和原子与光子相互作用体系的单量子态实验研究”“低维材料中尺寸、界面及压力效应下宏观量子态的探测与相互作用研究”等 3 个集成项目。

除了组织这些集成项目，2014 年还组织启动了“液氮温区 FeSe 界面超导体的探索”“金属氧化物的界面和表面激子及其与吸附分子的相互作用探测”“振动激发态分子的表面散射动力学研究”“单分子光量子态的动态检测与调控”等 4 个再集成项目。

本重大研究计划在具体课题组织以及后续的项目集成方面，尤其是在单量子态的构筑、新现象与机理的研究以及新技术方法的发展上，始终强调学科的交叉融合，并真正达到了实质性学科交叉的目的。本重大研究计划在学科交叉上有以下几个特点。

①重视对交叉学科性强的科学问题的凝练。紧紧抓住单量子态所涉及多学科的最前沿基础，提出包括量子体系中的单光子、单电子、单原子、单分子以及多粒子凝聚所形成的宏观量子态等，从多学科的微观系统状态的最基本单元层面上提炼了科学问题。

②重视促进学科交叉的新技术、新方法的创新与发展，特别是在融合交叉学科各种优势技术的实验平台建设上取得了重要进展。发展了单分子探针增强拉曼散射（Raman scattering）技术、扫描隧道显微镜（scanning tunneling microscopy，STM）与电子自旋共振（electron spin resonance，ESR）联用技术、氧化物分子束外延生长与原位电子结构测量技术以及超高分辨的分子束散射探测技术等，体现了多学科深度交叉。

③针对具体科学问题，重视组织不同学科的研究队伍，采用不同的实验方法和手段，结合理论与实验，形成实质性多学科交叉研究。例如，把飞秒双光子能谱动力学研究方法与表面实验扫描探针显微技术相结合，用于表面光催化动力学研究，研究了甲醇在二氧化钛表面的单分子吸附态和光催化过程，由此开拓了表面光催化动力学研究新思路。

④开展广泛的学术交流，促进学科交叉。除了每年组织一次项目全体成员的学术交流会，指导专家组和项目组成员还每年组织 2~3 次专题研讨会，每次会议都由物理、化学、信息、材料等领域从事相关研究的研究人员参与研讨和交流。这不仅促进了本重大研究计划项目内成员之间的合作，也促进了与其他研究人员的交叉合作。

1.3 取得的重大进展

本重大研究计划自正式启动以来，围绕核心科学问题开展创新性研究，获得了一批原创性成果和集成创新的成果，其中部分达到国际先进水平，填补了国内空白。主要创新成果如下。

①在单量子态的新现象、新理论和新概念探索方面，实现了 FeSe/STO 界面高温超导、磁性拓扑绝缘体中的量子化反常霍尔效应等，发现了铁基超导新的能隙结构与拓扑半金属态、拓扑绝缘体在高压下的超导态，以及新的量子分波共振态、纳米线量子点的单光子效应和禁阻发光现象，探索了基于间隙表面等离激元的高效单光子发射、亚波长共振单元的光学截面增强和单电子的反常退相干等问题，理论预言了新的二元三维拓扑绝缘体。

②在单量子态的新技术和新方法研究方面，发展了单分子探针增强拉曼散射技术、扫描隧道显微镜与电子自旋共振联用技术、超高分辨的分子束散射探测技术、半导体上转换红外单光子探测技术和氧化物分子束外延生长与高分辨原位电子结构测量技术等，提出了快速表征碳纳米管导电属性和带隙分布方法、四原子态 - 态量子散射理论方法和利用拉曼激发在分子束中高效制备振动激发态 H_2/HD 分子的方法，建立了基于金刚石量子探针实现单分子磁共振技术和介质球核 - 金属壳层结构的等离激元微腔制备技术。

③在单量子态体系的纯化与构筑方面，基于超冷原子玻色 - 爱因斯坦凝聚（Bose-Einstein condensation）实现了多原子自旋比特的量子纠缠，制备了高质量的拓扑绝缘与超导效应共存的薄膜，构筑了 InAs 纳米线多量子点耦合自旋量子比特器件，研发出国际上首个基于铌酸锂的可扩展光量子芯片，实现了量子点共振隧穿，成功实现皮秒量级单比特超快普适电控量子逻辑门操控，通过磁性分子合成了低维近藤晶格。

本重大研究计划完成后的领域发展态势对比可见表 1.1。

表 1.1 “单量子态的探测及相互作用”重大研究计划完成后的领域发展态势对比

核心科学问题	计划启动时国内研究状况	计划结束时国内研究状况	计划结束时国际研究状况	计划结束时与国际研究状况相比的优势和差距
单量子态水平上的化学反应共振态	无相关研究	中国科学院大连化学物理研究所张东辉团队研制了单纵模脉冲激光，发展了斯塔克（Stark）诱导的绝热拉曼激发方法，在高聚焦情况下实现了对 D_2 分子的饱和激发（>90%）；结合单纵模脉冲激光技术和锁频技术，获得了高受激拉曼激发效率（~15%），使在交叉分子束中研究振动激发氢分子反应动力学成为可能；实现了 F/Cl+HD（v=1）等反应的态 - 态量子动力学研究，发现了反应物分子振动激发带来的新反应共振和新的反应通道	目前国际上只有我国科学家能高效激发分子束中的非极性分子，从事非极性分子振动激发态条件下的态 - 态量子动力学研究；和其他国家的不少研究团队一样，开展了极性分子振动激发态散射动力学研究	优势：自行研制激光器和发展锁频技术，开发先进的激发方法来实现非极性分子的高效激发；具有世界领先的实验方法和装置以及世界领先的量子动力学方法。 差距：极性分子振动激发效率未达到世界最先进水平；极性分子振动激发态反应动力学实验研究开展得不够多
单分子尺度表面催化机制	有一些原位光激发探测的实验，但是系统稳定性较差，不能给出单分子尺度上微观过程的准确结果；有一些表面超快谱学的研究，但对于表面超快过程（尤其是飞秒量级时间尺度）中光激发电子的动力学过程的研究仍是空白	可以实现有效的原位光激发探测，可以实现飞秒量级时间分辨超快动力学探测	实现了有效的原位光激发探测的目的，空间分辨率达到单分子尺度，同时加入时间分辨，在分子尺度上实现原位测量；实现了表面光催化超快过程的动力学探测，时间分辨率可达飞秒量级	与国际同行处于并跑位置。 优势：不仅可以在单分子尺度上实现对光催化反应的微观成像，还能附加更多的外场条件，如磁场、电场等；建立了自行设计的系统，对其改造升级比较容易。 差距：国际上有些研究团队已将时间域加入到这一成像中，时间分辨在百飞秒量级，空间分辨在分子尺度

续表

核心科学问题	计划启动时国内研究状况	计划结束时国内研究状况	计划结束时国际研究状况	计划结束时与国际研究状况相比的优势和差距
亚纳米分辨的单分子拉曼成像	国内许多研究团队通过发展多种集成技术，在相关领域取得了若干重要进展。如厦门大学任斌团队发展了钓鱼模式针尖增强拉曼光谱（TERS）技术，首次获得可以相互关联的单分子电学和分子指纹信息[1]；国家纳米中心裘晓辉团队首次在实空间观测到分子间氢键和配位键相互作用[2]；中国科学院物理研究所高鸿钧团队首次实现了单个自旋量子态的可逆操控及其在超高密度量子信息存储中的原理性应用[3]	北京大学王恩哥团队实现了水分子的亚分子分辨成像[4]，并利用单分子非弹性隧穿谱揭示了分子间氢键的核量子效应[5]；中国科学院物理研究所高鸿钧团队实现了朗德 g 因子原子尺度上的空间分辨[6]；中国科学院大连化学物理研究所杨学明团队揭示了金属氧化物表面催化和光催化反应的多步过程和微观机理[7-9]，实现了对金属有机钙钛矿材料微观尺度的载流子动力学成像	美国埃默里大学 Lian 团队系统而深入地研究了量子点纳米体系中的激子动力学行为和作用机制；美国加州大学埃文分校 Ho 团队利用单分子非弹性隧穿作为探针观测分子内部化学键；日本筑波大学 Shigekawa 团队结合超快光谱和扫描探针显微技术，实现了低维材料的自旋动力学探测；美国匹兹堡大学 Petek 团队利用飞秒激光多光子激发，实现了金属表面瞬态激子寿命测量；美国科罗拉多大学 Raschke 团队利用基于等离激元纳米聚焦的四波混频技术，实现了飞秒时间分辨的近场成像；德国雷根斯堡大学 Huber 团队将 THz 激光与扫描隧道显微镜技术结合起来，实现了对隧道结中分子的皮秒级振动特征的探测	优势：建立和发展了高分辨 STM 与高灵敏光学检测技术联用系统。通过巧妙调控纳米针尖下的纳腔等离激元的宽频、局域与增强特性，匹配调控等离激元共振模式与入射激光、分子光学跃迁三者之间的“双共振”频谱，在国际上首次实现了亚纳米分辨的单分子拉曼光谱成像，将具有化学识别能力的空间成像分辨率提高到前所未有的 0.5nm，并可识别分子内部的结构和分子在表面上的吸附构型。利用对单分子操控、脱耦合层设计、纳腔等离激元的精确调控，实现了金属表面上的中性单分子电致发光，并对单分子发光特性以及分子间相互作用与能量转移进行了深入研究

续表

核心科学问题	计划启动时 国内研究状况	计划结束时 国内研究状况	计划结束时 国际研究状况	计划结束时与国际研究 状况相比的优势和差距
激发态分子振动和转动波包动力学的实时观测	无相关研究	利用自行搭建的飞秒时间分辨的质谱和光电子影像装置，在分子层次的波包动力学方面取得了一系列突破性的成果	英国 Stavros 团队选用特定波长，用离子产率谱的方法，观察到振动波包的演化过程；英国 Reid 团队用皮秒时间分辨的光电子影像观测到皮秒时间尺度的波包动力学过程	优势：将此项研究延伸到飞秒时间尺度的动力学过程。首次用光电子影像实时观测到伴随结构变化的振动波包动力学。除了观测到转动波包演化过程中的无场准直现象，还成功地将准直效应用于调控光电离产物的分支比。 差距：能谱分辨率没有用皮秒激光的结果高，理论计算也待完善
原子尺度上水的核量子效应	无相关研究	实现了水分子内部自由度的成像以及水分子 O-H 取向的识别。提出了 NaCl 表面一种全新的以四聚体为基本单元的氢键构型。发展了一套全量子化计算方法，超越了原有忽略原子核量子效应的通用软件包，解决了全量子化计算量巨大、耗时漫长的问题。成功应用到氢的相图以及水的全量子化效应研究。在实空间直接观察到并确认了四个氢核的协同量子隧穿。实验中测得单个氢键的量子成分最高可达到 14%，远超过室温下的热运动动能。氢核的量子效应会倾向于弱化弱氢键，而强化强氢键	主要侧重于不同金属（Ag、Cu、Pt、Ru 等）表面水的氢键网络构型的识别以及浸润研究。全量子化计算方法也广泛用于不同氢键网络体系以及生物体系中氢核量子效应的研究。研究发现，核量子效应会明显影响氢键网络材料的结构和物性。利用谱学方法提供了氢核协同隧穿的间接证据，发现氢核协同隧穿具有普遍性，同样存在于气相水团簇、体相冰中以及受限水的体系中。只有理论方面的结果，涉及体相水、冰和其他氢键体系，但没有直接的实验证据	优势：实现分子内部结构的成像和 O-H 取向的识别，达到最高的空间分辨率；发展了针对凝聚态物理体系的高效全量子化计算方法；首次在实验上直接观察到了氢核的协同隧穿过程，精度达到原子尺度；单键尺度上氢键量子成分的定量实验探测。 差距：需要将亚分子级成像技术应用到不同亲疏水衬底的表面以及功能氧化物表面与水的相互作用研究；只能用于表面水的研究，要拓展到复杂环境下水的氢键网络体系，仍有很大的技术挑战；需要进一步将该技术应用到真实水环境和冰体系，进而揭示水的反常物性

续表

核心科学问题	计划启动时 国内研究状况	计划结束时 国内研究状况	计划结束时 国际研究状况	计划结束时与国际研究 状况相比的优势和差距
基于金刚石量子探针实现单分子磁共振的突破	无相关研究	中国科学技术大学杜江峰团队是国内唯一开展相关研究的研究团队，处于国际一流水平。在室温大气条件下，获得了国际上首张单分子顺磁共振谱 [10]；实现了单核自旋簇相互作用的探测及其原子尺度的结构解析 [11]；与德国研究团队合作实现了 5nm 尺度质子微观磁共振 [12] 和单核自旋灵敏度探测 [13]	国际上的研究进展同样迅速，在最早提出精密测量的相关工作发表之后，越来越多的研究者加入此领域。美国哈佛大学研究团队实现了探测悬臂梁微振动 [14] 和活体趋磁细菌的磁共振成像 [15] 等；德中美联合研究团队实现了 5nm 核磁共振 [12]；IBM 实现了 24nm 微观核磁共振等	优势：在国家自然科学基金委员会、科技部、中国科学院等的大力支持下，我国在用于微观磁共振的动力学解耦技术上有长期研究基础，因而能够在微观核磁共振方向快速取得领先成果，包括完成设备的研制和相关技术的突破等。 差距：尚未完全掌握样品制备和加工的全部工艺，部分样品依赖进口，这一现状也制约了国内更多突破性成果的取得
拓扑绝缘体中自旋-轨道锁定现象的直接实验验证	国内缺少高分辨率自旋分辨光电子能谱设备，无法在国内开展相关实验	深紫外激光角分辨自旋分辨光电子能谱系统具有世界最好的分辨率，能够开展高质量的自旋电子结构测量，获得多个不同的拓扑绝缘体的电子结构以及自旋信息，促进国内实验以及相关理论的发展	国际上已有多个实验室在开展拓扑绝缘体的自旋结构测量，并取得了很多结果	优势：国内自旋分辨光电子能谱具有世界最高的分辨率

续表

核心科学问题	计划启动时国内研究状况	计划结束时国内研究状况	计划结束时国际研究状况	计划结束时与国际研究状况相比的优势和差距
拓扑保护的宏观量子态	国内仅有清华大学、中国科学院物理研究所、南京大学等少数几家单位从事较具系统性的量子输运研究	清华大学薛其坤团队在量子反常霍尔效应研究中获得较大突破，与拓扑绝缘体有关的量子输运研究受到广泛重视。近几年，由于拓扑半金属的出现又遭冷遇，目前仅有少数几个团队还在坚持	国际上对拓扑绝缘体量子输运的研究由于其长期坚持，样品质量高，研究团队数量远超我国，有后来居上之势	优势：我国在一些特定方向上处于国际领先地位，但由于在样品制备方面被硅烯等工作分散精力，没能达到全方位引领的目标。在硅烯等二维材料方面的探索在国际上有特色并受关注
新的一类铁基超导体及其母体相的电子结构	国内在材料方面处于国际领先，在物理方面的研究刚刚开始不久但也处于和国际并跑位置，许多课题亟待开展	在材料方面继续引领，在铁基界面超导、11111FeSe 体系等方面取得重大突破，机理研究也取得了多个重大发现，人们对铁基超导的机理有了基本实验图像和理论共识	国际上很多研究团队在跟踪我国所引领的研究，对铁基超导的机理有了基本实验图像和理论共识。国外很多研究团队对界面超导有兴趣，但是没有足够的资源	优势：我国已经从跟踪、并跑到领跑。仪器设备领先，工作目标性和创新性强，优秀工作持续涌现。 差距：缺少话语权和优秀人才储备
在多种电子态共存的庞磁阻锰氧化物中实现单量子态的操控	无相关研究	复旦大学沈健团队通过制备庞磁阻锰氧化物的超晶格样品来调控化学元素掺杂的无序度，首次在实验上证明了局域弱无序是大尺度电子相分离的必要条件，确认了电子相分离的机制。在此基础上，通过局域电场、局域磁场、纳米孔阵列等手段实现了电子态的形状、尺度、密度和位置的调控，实现了在庞磁阻锰氧化物中操控单量子态的科学目标	在国际上只有复旦大学能够在庞磁阻锰氧化物中实现单量子态的操控，并在此基础上开发新型自旋电子器件	优势：发展了一套 100nm 线宽的复杂氧化物的微纳技工技术，开发了集自旋存储与自旋逻辑于一体的非冯诺依曼架构的新型自旋电子器件，处于世界领先地位。 差距：该自旋电子器件还处于原理验证阶段，与真正应用还有很长距离

续表

核心科学问题	计划启动时国内研究状况	计划结束时国内研究状况	计划结束时国际研究状况	计划结束时与国际研究状况相比的优势和差距
碳纳米管量子态的纯化	未实现单一螺旋度单壁碳纳米管的制备	北京大学化学与分子工程学院李彦团队在单壁碳纳米管手性可控生长研究上取得了重要突破，但是长度较短，难以宏观操作；在超长、小直径、无缺陷、准直、单根性质均一的单壁碳纳米管水平阵列制备方面拥有自主知识产权	通过后分离的方法可获得单一螺旋度小直径碳纳米管。至今，仍然不能获得宏观尺度单一螺旋度碳纳米管的直接制备	优势：拥有自主知识产权，已制备出单一螺旋度超长碳纳米管单分子器件。 差距：由于这样获得的碳纳米管长度有限，很难宏观操控。可以通过排列等途径，构筑宏观尺度的薄膜
里德伯原子中巨电偶极矩的观测	中国科学院武汉物理与数学研究所在理论上已经完成了原子在交场中电偶极矩的理论计算，并在实验上观测到在不同条件下纯电场和交叉场中原子的不同电离行为，间接证明了原子在交叉场情形下存在大电偶极矩	中国科学院武汉物理与数学研究所利用交叉场实现原子的对称破缺，使里德伯原子在变化的外场中仍能保持固定符号的偶极特征；利用里德伯原子阻塞效应实现了异核原子之间的量子纠缠及量子逻辑门。中国科学技术大学潘建伟团队利用里德伯原子之间的偶极相互作用也实现了基态原子的集体激发	美国 Lukin 团队最近利用一维原子阵列，激发操控 41 个原子间的由里德伯偶极相互作用主导的量子模拟。德国斯图加特大学的 Low 和 Pfau 在热蒸汽池中激发原子分别到主量子数为 30 和 50 的里德伯态，他们在室温情形观测到静电场极化里德伯原子产生的偶极阻塞效应	优势：在实验上对制备大电偶极矩给出了更容易实现的方案，在理论上给出了一个更清晰的理解。在冷原子的偶极阻塞效应方面，国内研究已经处于国际领先地位并且对于量子计算做出了重要贡献。 差距：在热原子的偶极 - 偶极相互作用方面，还没有取得很好的研究成果，与国际领先水平还存在差距

续表

核心科学问题	计划启动时 国内研究状况	计划结束时 国内研究状况	计划结束时 国际研究状况	计划结束时与国际研究 状况相比的优势和差距
InAs 纳米线多量子点耦合自旋量子比特器件	在固态量子器件领域只有为数不多的几个研究团队正在从事或者刚要开展相关的实验工作，整体力量与国际先进水平相比仍有不小的差距	发展和完善了基于量子点的固态量子器件研制所需的材料生长工艺、微纳加工制备技术和微弱信号测量技术，部分研究结果在国际上处于领先水平。创建了一个国内领先的在国际上初有影响的含有半导体纳米材料生长技术、复杂量子器件制作技术、低温精细测量技术、理论分析能力的半导体纳米结构与量子器件研究团队，为我国固态量子器件这一关键技术战略领域培养了优秀人才	国际上近几年通过材料和器件工艺的优化，在具有强自旋轨道耦合的半导体纳米线超导复合器件结构中确认了马约拉纳零能模存在的实验证据，从而大力推进了拓扑量子固态量子器件的突破	优势：部分研究结果在国际上已经处于领先水平。在半导体纳米线和二维材料的量子点器件研制和测量方面，已经具备了参与国际最前沿和最具挑战性之一的固态拓扑量子计算领域竞争的能力。 差距：在材料生长、高频测量、器件集成方面仍与国际顶尖研究存在一定差距
马约拉纳费米子（Majorana fermion）的实验证据	只有个别研究者从事这方面的研究，主要通过检测零偏压电导峰来探测马约拉纳费米子	有更多研究者开始从事这方面的研究，在几个不同体系的磁通芯中探测到了零偏压电导峰	不断有文章和新闻声称发现了马约拉纳费米子，但实验证据仍然只有零偏压电导峰，缺乏更为重要的相位敏感实验。领域内仍然没有达成马约拉纳费米子已经被观察到的共识	优势：采用的实验与绝大部分以零偏压电导峰作为判据的实验不一样，结合了局部电导测量和全局相位敏感控制，得到的结果更可信。 差距：器件比基于纳米线的器件大，充电能低，比较容易出现准粒子中毒

续表

核心科学问题	计划启动时国内研究状况	计划结束时国内研究状况	计划结束时国际研究状况	计划结束时与国际研究状况相比的优势和差距
超冷原子光晶格中原子自旋比特的纠缠产生和探测	国内未实现超冷原子光晶格中超流到绝缘态相变，未实现对光晶格中原子自旋关联的调控和观测，不能模拟强关联体系中的任意子	中国科学技术大学苑震生团队在国际上首次通过量子调控的方法在超冷原子体系中实现了四体自旋相互作用，发现了拓扑量子物态中的准粒子——任意子。这是国际上目前唯一实现了四阶自旋相互作用的研究团队	由于晶格中的四体自旋相互作用极其微弱，需要高稳定度、晶格中自旋分辨的极高调控能力。目前国际上仍未有其他实验能达到苑震生团队的研究水平	优势：跻身国际同类研究的第一梯队，在超冷原子拓扑量子态的模拟方面具有特殊的优势
铌酸锂光量子芯片	无光量子芯片报道，无铌酸锂光量子芯片报道	国内铌酸锂光量子芯片的研究以南京大学祝世宁团队为主。其他也有少量报道，但是芯片结构简单，仅为单根或少根波导结构。而国内在绝缘体上硅（silicon on insulator，SOI）方面取得一系列进展，包括 SOI 芯片上的纠缠源、自由度转换、纠缠产生等；国内的激光直写波导也取得重要进展	国际上铌酸锂光量子芯片成为热门，很多工作都是跟随祝世宁团队工作展开。德国帕德博恩大学在铌酸锂光量子芯片的进展尤为迅速，实现了芯片上的偏振纠缠	优势：在量子算法等方面研究较为深入，可持续在铌酸锂光量子芯片的科学应用方面做出一流工作，同时部分芯片设计已经得到相关仪器项目支持，即将进入产品化阶段。 差距：我国的工艺积累较短，研发新工艺耗费很长时间，虽然完成了第一个铌酸锂芯片，但近年的实验进展不如德国帕德博恩大学多，他们在铌酸锂波导工艺方面非常成熟，积累深厚
纳米线量子点单光子	无相关研究	具备成熟制备技术，已实现单光子发射、光纤耦合、参量下转化纠缠光子对发射、单光子量子存储	具备成熟制备技术，已实现单光子发射，制备出室温工作 GaN 纳米线量子点单光子	优势：GaAs 纳米线上 InAs 或 GaAs 单量子点光谱优越，已实现频率下转换纠缠光子对、单光子量子存储等。 差距：无法室温发光

续表

核心科学问题	计划启动时国内研究状况	计划结束时国内研究状况	计划结束时国际研究状况	计划结束时与国际研究状况相比的优势和差距
单光子灵敏检测	光子数可分辨技术比较薄弱，Si MPPC 探测效率为国际较高水平，与国际先进水平有较大差距；在微纳结构制备方面有差距，在机理和效应研究方面相差不大	建立了光子数可分辨技术，Si MPPC 探测效率为国际最好水平；在微纳结构制备方面有很大提高，基本达到国际先进水平，在机理和效应研究方面与国际最好水平相当	光子数可分辨技术较好，微纳加工技术成熟，理论与实验配合好	优势：光子数可分辨技术与国际水平可比，Si MPPC 探测效率为国际最好水平。微纳加工技术进步快，机理和效应研究相当。 差距：相关技术在可靠性、成熟性等方面还有一定差距。研究团队少，技术积累还需加强。微纳加工、高精度测试等方面的研究有待进一步提升
微米波段红外单光子探测	缺乏结构简单紧凑、探测效率高、暗计数低的单光子探测方案	上海交通大学张月蘅团队提出的上转换单光子探测（up-conversion single photon detector，USPD）方案无论是在光子探测率还是噪声等效功率性能上，均处于相对领先地位。同时还规避了 InGaAs 探测器暗计数高、后脉冲效应明显等不良因素	门控模式 InGaAs- 单光子雪崩二极管（single-photon avalanche diode，SPAD）实现了 55% 的探测率，几乎接近雪崩光电二极管（avalanche photodiode，APD）的探测极限，但是后脉冲效应接近 10%。自由运行的 InGaAs-SPAD 的效率只有 10%，对应的后脉冲效应仍接近 2%	优势：该单光子探测方案处于相对领先地位，但其可行性目前仅通过实验在原理上得到初步验证。 差距：后续需要进一步通过光胶耦合方式，提高这种探测方案的整体性能

第 2 章　国内外研究情况

单量子态的探测及相互作用的研究是凝聚态物理和原子分子光学等学科的前沿领域，也是一个极具挑战的研究领域。单量子态是指单个电子态、单个原子态、单个分子的振动态 / 转动态、单个光子态、超导宏观量子效应以及原子的玻色 - 爱因斯坦凝聚体（Bose-Einstein condensates，BEC）等，这个特点决定了单量子态研究具有很大难度。单量子态研究在实验上要求仪器具有极高的能量分辨率、动量分辨率、时间分辨率、空间分辨率等，在理论上要求模型要更准确、计算方法要有效。为了把单量子态测量得更精准，为了消除热涨落的影响，往往要把体系温度降到极低。在冷原子体系中，已经实现纳开（nK）量级温度。单量子态对应的信号很弱，为了把它们放大到一般仪器的探测灵敏度，往往需要很强的磁场，最高的静磁场可高达 25T，脉冲磁场则高达近百特斯拉。为了研究单量子态的动态过程，有时需要飞秒（fs）甚至阿秒（as）的时间分辨。这些极端条件使得单量子态研究成为整个科学研究领域中能反映人类研究能力最高水平的关键领域之一。

在党的十九大报告中，习近平总书记号召我们要瞄准世界科技前沿，强化基础研究，实现前瞻性基础研究、引领性原创成果重大突破。党和国家赋予我国科研人员尤其是在物理学前沿奋斗的一线科技人员的使命是力

争在核心 / 关键材料和技术上，尤其是在“卡脖子”方面的硬科学、硬技术上，实现引领性原创成果重大科学突破，进而在相关领域支撑国家 2035 年基本实现社会主义现代化目标的实现。从这个要求看，部署单量子态研究具有非常重要的战略意义。

2.1 国内外研究现状和发展态势

单量子态的探测及相互作用的研究内容包括单量子态体系的构筑、单量子态的特性及其精密探测、量子态与环境以及量子态之间的相互作用等。因为其研究对象如电子与光子等是信息技术和能源技术的基本载体，所以单量子态的研究会给信息技术、能源技术等提供新的原理和方法，对未来信息技术、能源技术等发展具有关键的推动作用。构筑单量子态对材料制备也提出了非常苛刻的要求。因此单量子态的探测及相互作用研究是一个以物理学为主并涉及化学、信息、材料等多学科的交叉研究领域。

根据单量子态的探测及相互作用研究的特点和最近的重大科学突破，以下从三个方面论述单量子态领域的研究现状和发展趋势。

2.1.1 材料制备技术和新材料的发展：制约方向

谁掌握了材料，谁就掌握了物质科学，就掌握了单量子态研究的主动权。因凝聚态物理领域研究成果而获得的诺贝尔物理学奖中相当一部分颁发给了新量子材料的发现。

①高温超导体的发现。自从 1911 年超导电性被发现以来，作为最有趣的宏观量子现象之一，超导一直是凝聚态物理最有活力的研究方向之一。超导研究的一个重要方向就是如何提高超导转变温度。1986 年，IBM 苏黎世实验室的贝德诺尔茨（Bednorz）和米勒（Müller）出奇地在铜氧化物中

发现超导[16][见图 2.1（a）]，而且超导转变温度首次超过液氮温度。这是 20 世纪凝聚态物理领域最重要的科学发现之一。Bednorz 和 Müller 因此于 1987 年获得诺贝尔物理学奖。这一发现不但使超导的大规模应用变得更加现实，而且极大地推动了强关联量子物理的发展。尽管高温超导机理仍然没有得到阐明，但高温超导机理研究推动了理论方法和实验技术的巨大进步，比如角分辨光电子能谱、自旋分辨角分辨光电子能谱以及超快角分辨光电子能谱的发展和应用就是杰出的例子[17]。高温超导机理的研究和新的高温超导材料的探索在很大程度上主导了强关联量子物理在过去三十年的发展方向，其新奇的物理机理和巨大的应用前景直接催生了物理学领域一个重大研究方向并活跃至今。

②石墨烯的发现。石墨烯是由碳原子组成的单个原子层材料。2004 年，英国的两位物理学家海姆（Geim）和诺沃肖洛夫（Novoselov）从高定向石墨中制备出了石墨烯[见图 2.1（b）]。2005 年，他们在该体系中发现了半整数量子霍尔效应[18]，证明了其无质量狄拉克费米子（Dirac fermion）的存在。这两位科学家于 2010 年获得诺贝尔物理学奖。石墨烯不但机械性能好、廉价、制备容易，而且在室温下的载流子迁移率可高达 $15000\mathrm{cm}^2/(\mathrm{V\cdot s})$，这一数值超过了硅材料的 10 倍，是目前已知载流子迁移率最高的物质锑化铟（InSb）的 2 倍以上。在某些特定条件（如低温）下，石墨烯的载流子迁移率甚至可高达 $250000\mathrm{cm}^2/(\mathrm{V\cdot s})$。石墨烯的发现还促进了一系列二维层状量子材料的发展和研究，不仅有着重要的基础研究价值，而且在移动设备、航空航天、新能源电池等领域也有广泛的应用前景。可以说，石墨烯是过去十多年来主导单量子态研究发展方向的另一种明星材料。

③应用于蓝光二极管的 p 型氮化镓材料的成功制备。发展氮化镓材料并研制出蓝光二极管和激光器的三位日本科学家（Akasaki、Amano 和 Nakamura）获得了 2014 年的诺贝尔物理学奖[见图 2.1（c）]。蓝光二

极管的实现使得人类能够用发光二极管产生足够亮的白光，其效率比白炽灯要高很多。它还进一步促成了各种发光二极管显示屏的发明，促进了照明效率的提高，大幅提高了人类的照明和能源利用效率。另外，氮化镓材料的发展也促进了大功率强电电子器件的发展，促进了量子霍尔效应的研究。氮化镓等宽禁带半导体的研究基本上主导了整个半导体量子物理过去20多年的研究方向。

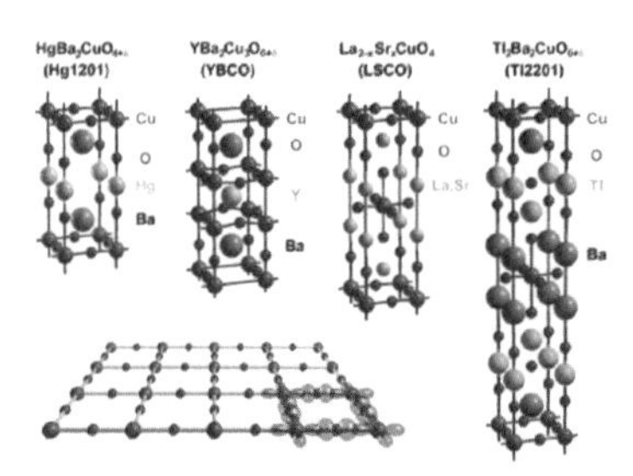

（a）高温超导体

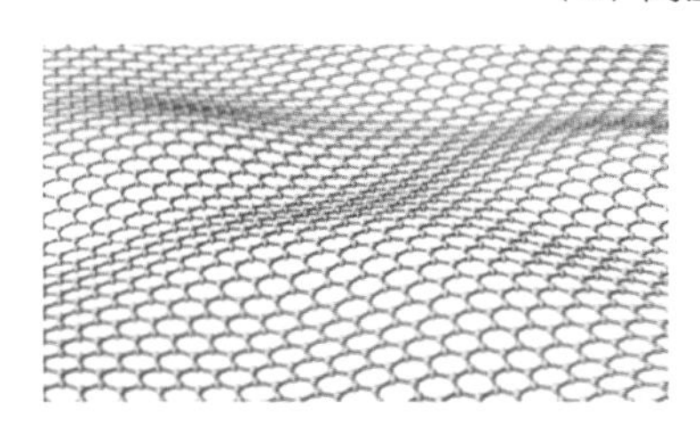

（b）石墨烯

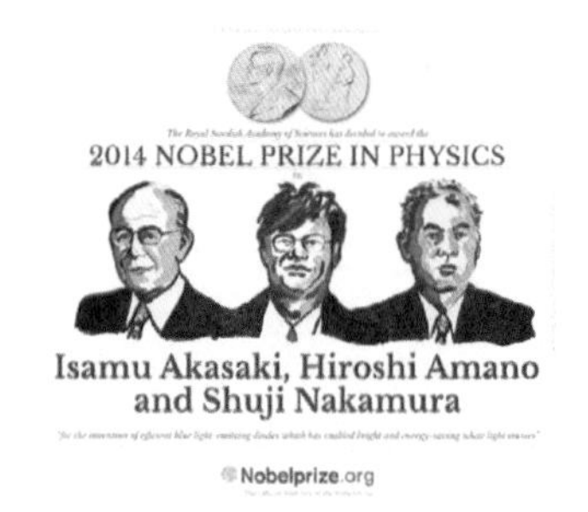

（c）蓝光二极管

图 2.1　1987 年、2010 年和 2014 年诺贝尔物理学奖获得者及其成果

2.1.2 新实验技术和理论工具的发展：决定态势

物理学是以实验为主导的科学。新的实验装置和技术的发展，实验技术的改进，可拓展人类的认知边界，让人类到达曾经无法达到的地方（无论是空间维度、时间维度、能量维度、动量维度还是自旋维度等），进而带来新的科学发现与应用，这一点在单量子态研究中表现得极为突出。

①扫描隧道显微镜的发明。宾宁（Binnig）和罗雷尔（Rohrer）1981年发明的扫描隧道显微镜于1986年获得诺贝尔物理学奖，它大大提高了人类的空间测量精度，使得直接观测、定位直至操控单个原子和分子成为现实。扫描隧道显微镜的发明和基于扫描隧道显微镜的原子操纵大大推进了纳米科学技术在20世纪90年代的兴起［见图2.2（a）］。1996年基于扫描隧道显微镜的非弹性隧道谱的发展使得对单个分子同时的实空间成像和化学识别成为现实[19]，而2000年自旋极化扫描隧道显微镜的发明则使得人们可以在实空间对单个原子自旋态进行观测[20]。很显然，这些都大大推进了单量子态研究进程。

②离子阱囚禁技术的发展。该技术使得人类可以用激光来操控和冷却原子（1997年诺贝尔物理学奖）［见图2.2（b）］，进而在此技术平台上实现了玻色-爱因斯坦凝聚等一系列有重大科学意义的基础量子物理实验[21]，为量子模拟等有重大应用价值项目的探索奠定了基础。特别是，基于该技术的光钟的发展，时间测量精度达到几亿年误差不到1s，使得GPS定位达到厘米甚至更高水平，这无疑会大大增强单量子态研究能力。

可以预见，只要一个新的科学研究工具或者技术出现，不管是能量和动量还是时间和空间的分辨能力得到提高，单量子态研究都将会在一个新的水平上得到迅速发展。

（a）隧道扫描显微镜

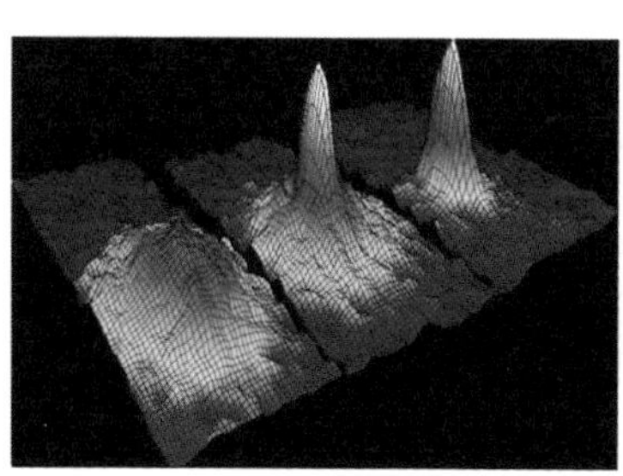

（b）玻色 - 爱因斯坦凝聚实验

图 2.2　1986 年和 1997 年诺贝尔物理学奖获得者及其成果

2.1.3　重大科学问题和重大应用问题：动力源泉

目前人类已经知道的、尚未解决的科学难题是科学研究的一个巨大动力，这在单量子态研究领域表现得尤为显著。

①高温超导背后的成对机理。这在 2005 年被《科学》（*Science*）杂志评选为困扰人类的 125 个科学难题之一[22]。彻底理解高温超导背后的机理不仅能解决这一重大科学问题，而且可以为环温室温超导体的探索及其在人类能源和信息领域的广泛应用提供基础，并为由超导驱动的科技革命奠定基础。这个难题一直强烈地吸引着量子物理的科学家利用和发展各种可能的技术与理论，主导着相关方向的发展。

②量子计算[23]。量子计算是从单个量子比特出发，通过主动操控量子

态，可以解决目前经典计算机无法有效完成的某一类计算问题，得到了国际上的广泛关注和重视。真正意义上的通用量子计算机一旦实现，将会在“硬技术”层面彻底变革人类的信息社会。这一巨大应用前景激励着世界科技巨头和高技术公司（如谷歌、IBM、微软、英特尔、阿里巴巴、腾讯、百度和许多初创企业）投入巨资，对其进行研发。欧盟出台了量子信息相关的 10 亿欧元的旗舰项目，美国政府也做出了量子信息科学领域重要战略布局，全球已经进入所谓的“量子超越”（supermacy）时代。目前实现量子计算的方案有若干种，尚不明确哪种方案会最终胜出。因此对实现量子计算的不同体系和路径的探索，包括超导、拓扑、离子阱、NV 中心、冷原子等，将大大促进相关基础量子物理问题和技术的研发，这些研究基本上都涉及单量子态研究。

③拓扑超导和马约拉纳费米子的证明[24]。其证明不但是科学上的重大突破，而且因为其优越的拓扑性质可以从根本上解决量子计算中核心的退相干问题，有望助力实现可容错、可扩展的真正意义上的拓扑量子计算机。零能马约拉纳费米子体系除了这一巨大应用价值外，更因其理论预言具有非阿贝尔统计这一新奇的量子现象而极具基础科研价值。寻找马约拉纳费米子存在的确凿性证据并成功对马约拉纳进行“编织操作”，可直接为拓扑量子比特的构建铺平道路。这些重大科学问题驱动和吸引着科学家，也已经成为单量子态领域最前沿的一个发展方向。

一旦一个重大科学问题和难题被甄别或确立，围绕科学难题的实验技术和理论分析方法的发展，材料和应用的探索，交叉学科点的形成，等等，将会形成相关方向研究的主旋律。这已经并将会继续决定单量子态研究领域的发展趋势。

2.2 领域发展态势

自2009年本重大研究计划立项以来，我国科学家奋力拼搏，无论是在量子材料可控制备、精密实验技术发展、理论方法拓展方面，还是在重大科学问题解决方面，都取得了长足的进步。在单量子态的探测及相互作用研究中，我国在若干个方向上都实现了引领，甚至主导了这些方向的发展。

2.2.1 引领铁基超导材料和拓扑绝缘体等量子材料制备和构筑

尽管铁基超导材料和拓扑绝缘体不是发现于我国，但是在后续研究中，我国迎头赶上，在过去五年基本上代表着国际最高水平。在铁基超导领域引用最多的10篇文章中，有6篇是我国科学家的工作。我国科学家首次观测到铁基超导突破麦克米兰极限（T_c>40K），证实其为新一类非常规高温超导体[25]。我国率先制备出单层铁硒薄膜并发现高温超导[26]，这开拓了高温超导的新方向，引导了国际发展。

在拓扑绝缘体材料方面，我国制备出的材料具有国际最高的质量。由于材料研究的进步，我国已经成为铁基超导和拓扑量子材料以及相关单量子态研究的科学中心之一。在与铁基超导和拓扑材料有关的重要国际会议上，都有我国科学家的大会特邀报告，比如国际超导材料和超导机理大会、国际低温物理大会、国际半导体物理大会、国际分子束外延大会等。这些大会都是国际公认的、已经举办了几十年的学术会议，大会报告人一般只有几个。因此，这充分说明我国在该领域的学术地位和影响力。

2.2.2 引领若干单量子态检测技术

通过本重大研究计划的实施，我国在实验技术的发展方面进步显著。

比如设计和发展了三项新的单量子态的精密检测技术，为发现新的量子现象和量子效应奠定了基础。

①亚纳米分辨的单分子拉曼成像技术[27]。这项技术突破了光学成像手段中衍射极限的瓶颈，将具有化学识别能力的空间成像分辨率提高到1nm以下，对研究微观催化反应机制、分子纳米器件的微观构造等问题有重要的科学意义价值。

②单分子磁共振的探测技术[10]。通过选取金刚石单自旋作为磁量子探针，将探针灵敏度提高了两个量级，解决了高精度量子操控和读出问题，率先实现了单分子磁共振的探测，把磁共振探测的灵敏度从百亿分子提高到单分子水平，把分辨率从毫米提高到纳米水平，有望在不久的将来实现产业化，在人们的日常生活如医疗检测中得到广泛应用。

③超高分辨的分子束散射探测技术[28]。这项技术实验分辨率和灵敏度比传统的分子束散射技术高两个量级，为探测单个量子的反应产物以及研究反应过渡态和共振态提供了实验基础。

值得指出的是，长期以来，我国的高精尖科学仪器一直依赖于进口。通过本重大研究计划的实施，我国已在若干关键实验技术上达到国际最好水平，在单量子态研究的技术水平已经提升到一个新的高度。

2.2.3 在科学问题研究中实现重大突破

这方面的一个典型例子就是量子反常霍尔效应的实验发现。众所周知，1980年、1982年和2005年硅、砷化镓和石墨烯不同版本量子霍尔效应的发现，分别获得了1985年、1998年和2010年的诺贝尔物理学奖，这大大促进了量子物理科学的发展。这三种量子霍尔效应均需要外加磁场，而量子反常霍尔效应是一种关于电子运动全新规律的量子效应，它不需要外加的磁场。量子反常霍尔效应的实现要求制备出兼顾铁磁性和能带拓扑结构的二维高质量绝缘体材料，这种苛刻的要求可以说是现阶段挑战材料制备和物性测量极限的一个标志。在本重大研究计划的强力支持下，我国研究团队团结一致、奋力攻关，在反常霍尔效应被发现 130 多年后，于 2013 年首先观测到了量子反常霍尔效应 [29]。在我国报道这个效应后，国外四五个研究团队在一年半以后才陆续验证了我国的结果，这充分显示了实验的难度和挑战性。该成果被 2016 年诺贝尔物理学奖评奖委员会列为近三十年拓扑物质领域最重要的实验发现，这也是新中国成立以来我国科学家发现的重要科学效应之一。

2.2.4 单量子态研究队伍特别是青年人才队伍冲入国际第一阵营

经过本重大研究计划的实施，我国主要的高等学校和科研机构已经吸引并培养了一大批具有国际竞争力的人才。

本重大研究计划参研人员中，11 人获得国家杰出青年科学基金资助，4 人成为长江学者特聘教授，9 人成为国家“万人计划”科技创新领军人才，17 人获得优秀青年科学基金项目资助，5 人成为青年长江学者。这一批优秀人才的形成，为我国今后在单量子态研究领域取得重大突破做好了人才准备。

第 3 章　重大研究成果

经过指导专家组遴选，本重大研究计划的 24 项代表性成果涵盖了单分子态与化学反应机理、单光子态的制备与探测、单量子态体系的构筑、宏观量子系统中的准粒子激发等四个主要研究方向。这些代表性成果可以充分体现本重大研究计划的研究水平及其对本重大研究计划总体目标的突出贡献。从单量子态的新现象、新理论和新概念探索，单量子态的新技术和新方法研究，以及单量子态体系的纯化与构筑三个方面出发，可对本重大研究计划代表性成果进行如下概述。

3.1　单量子态的新现象、新理论和新概念探索

本重大研究计划的科学家团队发现了新的量子分波共振态、禁阻发光现象、铁基超导新的能隙结构、拓扑半金属态、磁性拓扑绝缘体中的量子化反常霍尔效应、单电子的反常退相干效应等全新的量子现象和效应等，建立了描述量子态与环境、外场相互作用新的理论模型，预测并解释了一些新的量子效应，阐明了化学反应中新的量子现象和机制。

3.1.1 铁基高温超导与界面超导

（1）铁基高温超导

铁基超导体是近年来凝聚态物理领域的一个重大发现，它一被发现就受到全球关注。铁基高温超导体的研究，有望从另一个侧面揭示高温超导之谜，也必将加深人们对基础凝聚态物理的认识。由于自旋、轨道、电荷和晶格几个自由度之间的激烈竞争与合作，铁基超导体表现出丰富的物相（见图 3.1），其中超导（superconducting，SC）与自旋密度波（spin density wave，SDW）磁有序相邻。这与铜氧化物高温超导类似，意味着磁性可能发挥着重要作用。

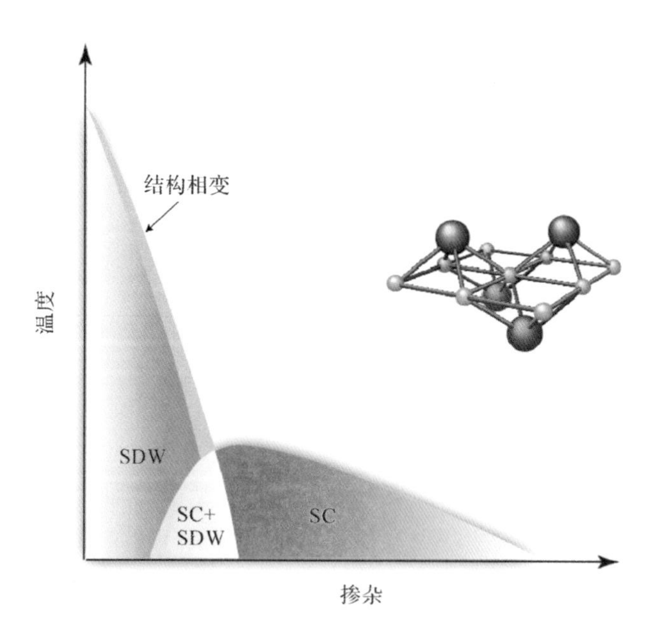

图 3.1 铁基超导体丰富的物相

复旦大学封东来和上海交通大学贾金锋的项目组对铁基超导宏观量子态进行了全面而系统的研究，覆盖了铁基超导材料的整个相图，获得了丰富和高质量的电子结构数据，并做出了以下几个方面的原创工作，从而为理解铁基超导体的微观机制提供了可靠的信息，为建立全面、统一的理论图像奠定了坚实的实验基础。

①率先发现新的一类铁基超导体及其母体相的电子结构。费米面的拓扑结构是超导电性形成的关键因素之一。在 $A_xFe_2Se_2$（A=K, Cs）之前发现的所有铁基超导体，其费米面都包括空穴型和电子型口袋[见图 3.2（a）]。这样的费米面结构一直以来被广泛采用并作为铁基超导理论的基础。该项目组率先发现在 $A_xFe_2Se_2$（A=K, Cs）超导体中只存在电子型口袋，而没有空穴型口袋[见图 3.2（b）]，这与以前发现的其他铁基超导体有很大的差别。而且这个超导体的序参量（超导能隙结构）非常简单，也没有节点。单一的电子型费米面和简单的能隙结构，都与之前 S± 配对理论所预言的情况有很大差异，从而证明在铁基超导体中，带间相互作用不一定是主导，带内相互作用可能起到了更重要的作用，而且强耦合图像可能比过去的弱耦合图像更加适用于描述铁基超导电性[30]。该工作挑战了之前有关铁基超导电子配对的主流理论，对建立正确的理论具有重大意义，因此被 *Nature Materials* 杂志选为建刊 10 年来发表的 20 篇里程碑论文之一，是我国唯一入选的文章。S± 配对理论的主要创立者 Igor Mazin 在他为 *Physics* 杂志所写的评述“铁基超导的又一次暴风雨”[31]中总结道：“这些新发现的体系在铁基超导的世界中开辟了一块新的天地……与之前的铁基超导有质的不同……可能是自最初的发现以来最有趣的进展！”著名理论物理学家 Elbio Dagotto 在他的一篇综述[32]中说：“这些材料中特别难以处理的是不存在空穴型费米面……使得过去基于铁砷化物中电子型和空穴型费米面间散射的图像不再适用……可以很公平地说，砷化物与硒化物应是不同类的磁性和超导材料……那么了解 $A_xFe_{2-y}Se_2$ 的物理性质会从根本上改变铁基超导

整个领域的概念格局。”基于该工作，这类仅有电子型费米面的铁基超导体被公认为新的一类铁基超导体，和过去发现的同时具有空穴型费米面和电子型费米面的铁基超导有重要区别，因此该发现具有重大意义。

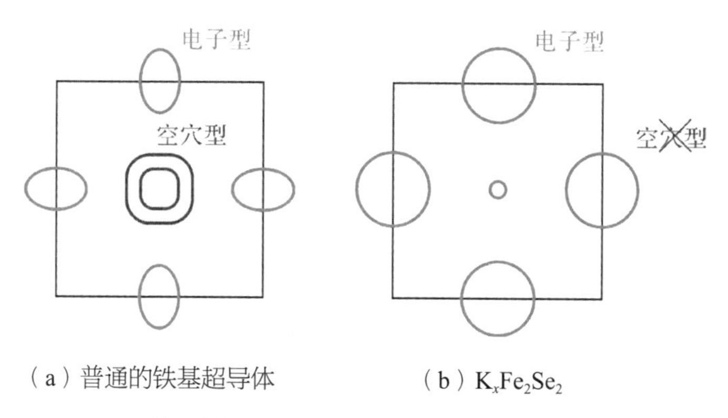

（a）普通的铁基超导体　　（b）$K_xFe_2Se_2$

图 3.2　普通的铁基超导和 $K_xFe_2Se_2$ 的费米面的拓扑结构

进一步地，因为高温超导电性常源于对母体材料的掺杂，故寻找超导材料的母体对于理解高温超导电性至关重要。$K_xFe_2Se_2$ 的发现也引起了人们对其母体的极大关注。该项目组系统地研究了 $K_xFe_2Se_2$ 各种物相的电子结构，发现其绝缘相有类莫特绝缘体的特点，同时超导体中存在着超导相和绝缘相在介观尺度的相分离。首次确认了一个新的半导体相，并发现它的电子结构和超导相更加接近，有可能是与超导体更相关的母体相[33]。

这些重要发现为建立该类新铁基超导的微观图像和理解它的反常性质提供了重要而直接的信息。

②从能带度角度建立对铁基超导体复杂相图的统一认识。在强关联体系中，化学掺杂对调控物理性质和引发新的物理现象有着非常重要的作用，铁基高温超导电性可以通过对其母体进行化学掺杂来实现。铁基超导体的母体和铜氧化物类似，与磁性紧密相关。通过掺杂，磁有序被压制，超导电性出现。从现象上看，铁基超导体的超导转变温度对外界参数很敏感，但似乎对物理压力、同价掺杂（化学压力）、空穴掺杂、电子掺杂等不同

的调控形式都具有类似的相图，即超导区域在相图中呈现圆屋顶状。全面地理解化学掺杂对铁基超导体电子结构的影响以及建立电子结构和铁基超导电性之间的联系，对于揭示铁基超导电性乃至高温超导电性的机理至关重要。铁基超导体一般分为两类：既有空穴型又有电子型费米面的铁基超导体，以 FeAs 类材料为主；只有电子型费米面的铁基超导体，以重电子掺杂的 FeSe 类材料为主（见图 3.2）。

封东来团队首先系统地研究了多个不同类型的 FeAs 类超导体系的电子结构随化学掺杂的演化 [34]，发现化学掺杂除改变载流子浓度进而改变费米面的拓扑结构之外，还可以散射准粒子以及改变带宽。对于大部分体系，随着化学掺杂量的增加并依赖于掺杂位置，在布里渊区中心的 d_{xy} 能带被剧烈散射，其他能带则几乎没有变化，且能带的带宽由于掺杂而显著增加。当体系的带宽超过一个临界值后，超导电性则消失。相反地，费米面的拓扑结构对于铁基超导电性的影响处于次要地位。这些结果在理解化学掺杂对铁基超导体电子结构的影响方面统一了对铁基超导体的相图的理解，指出了在寻找更高转变温度的铁基超导体时需要保持适当的电子关联强度，同时应减少超导层的杂质散射 [34]。

第二类铁基超导的代表是 122 型 FeSe 基超导体，如 $K_xFe_{2-y}Se_2$ 等只有电子型费米口袋，其独特的电子结构对传统的电子型和空穴型费米口袋共存的铁砷超导体物理图像提出了挑战。然而 122 型材料本身具有相分离的特点，它们的很多物理性质仍然不太清楚，尤其是掺杂下的电子结构演化过程仍缺乏一个微观和统一的描述。封东来团队通过角分辨光电子能谱技术，研究了大部分的 122 型铁硒材料，包括等位掺杂的 $K_xFe_{2-y}Se_{2-z}S_z$、$Rb_xFe_{2-y}Se_{2-z}Te_z$ 和 $(Tl,K)_xFe_{2-y}Se_{2-z}S_z$。通过实验发现，掺杂可以在很大程度上影响在这些材料中低能的 Fe 3d 电子带宽。当带宽减小时，体系的基态从金属变为超导体，最终成为绝缘体。与此同时，金属态的费米面并没有随着等位掺杂而改变。更为重要的是，这里发现的关联导致的绝缘体也许是新型的绝缘相。实验结果表明，几乎所有已知的 122 型铁硒材料可以用一个统一的相图（见图 3.3）来概括理解[35]。

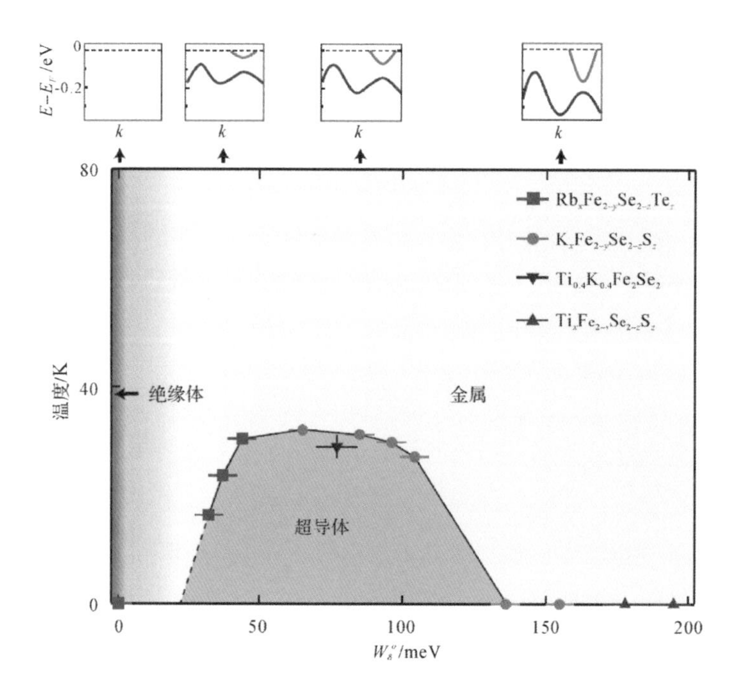

图 3.3 122 型 FeSe 超导体统一相图

通过上述两项工作，该项目组发现两类铁基超导的纷繁复杂的相图其实都可以统一到同一个图像，即通过掺杂等参数来调节能带的宽度或者关联程度。随着关联的减弱，体系从磁有序进入超导态，且适中的关联强度对超导是有益的，最后进入不超导的金属态。该普适性相图与铜氧化物高温超导的相图很相似，只是参数从载流子浓度变成能带宽度，因此两者具有相同的更深层的物理性质。这对全面理解高温超导电性具有重要意义，为整个铁基超导相图微观机理的全局性理论研究和其他实验研究打下了基础。

（2）FeSe/STO 界面高温超导

FeSe/STO 是清华大学薛其坤团队于 2012 年发现的高温界面超导体系，它具有目前铁基超导和界面超导两大类超导体系中超导转变温度（T_c）的最高纪录，其材料与机理研究处于当前超导领域的前沿。薛其坤团队系统地研究了 FeSe/STO 界面高温超导体系，揭示了其中量子序的相图和高温超导的成因，通过界面调控其中的超导电性。具体进展包括如下几个方面。

①界面超导电性的确认与微观性质。角分辨光电子能谱、低能 μ 子自旋旋转实验与互感实验表明 FeSe/STO 的 T_c 为 65K，并测得单层 FeSe/STO 界面高温超导的电子结构和无节点的超导能隙。准粒子散射和杂质态的研究表明，该体系具有简单 S 波配对对称性，为理论提供了很强限制 [36]。Mazin 在 *Nature Materials* 专题评论指出，该结果“难以与邻近磁性（的现有理论）调和，所以 FeSe（界面超导）仍是个谜” [37]。

②界面电荷转移效应。研究发现，FeSe/STO 中重电子掺杂源于衬底氧空位的电子转移，这种电荷转移压制了原本很强的轨道序和磁性，从而引发超导。同时，对没有界面效应的 FeSe[38] 以及 $(Li_{0.8}Fe_{0.2}OH)FeSe$[39] 进行电子掺杂，获得其相图，证明当其电子结构与 FeSe/STO 相同时，T_c 仅为 46K。

③界面应力效应。首次发现多层 FeSe 的能带随降温而剧变，获得其中轨道量子序随着应力的演化相图，确立了该体系丰富的物理图像。如 *Nature Materials* 专题评论 [40] 指出的那样，FeSe“有更少的原子，却有更多的信息”，是“测试理论的理想体系”。此外，首次获得了 $FeSe_{1-x}S_x$ 体系二度对称的超导能隙 [41]，反映出轨道量子序对超导电性的影响。

④界面工程。通过生长 $FeSe/BaTiO_3/KTO$、$FeSe/SrTiO_3/KTO$、$FeSe/SrTiO_3/LAO$ 等多种超晶格，调控界面 [42-43]，创造了目前铁基超导和界面超导能隙打开温度纪录——75K，并且发现在大的应力变化范围内，T_c 的变化远小于磁性对配对的增强理论预期。这表明界面的超导增强可能来自磁

性以外的因素。

⑤界面电声子相互作用。通过调节 FeSe/STO 中的 FeSe 层厚度并结合表面掺杂调节电子结构，发现超导电性的界面增强随远离界面而呈现指数衰减，该衰减行为与其他实验测量的界面声子随膜厚的演化一致。这表明界面电声子相互作用是导致 FeSe/STO 界面高温超导的主要因素 [44]。

3.1.2 单分子乃至亚分子尺度的量子态研究

（1）单分子尺度表面催化机制研究

二氧化钛（TiO_2）材料的光催化性质作为太阳能光电转化的有效途径，近几十年在光分解水制氢、人工光合作用等领域得到了广泛关注，一直是国际上新能源材料研究领域中的热点方向。中国科学技术大学王兵项目组多年来一直在二氧化钛表面催化活性和微观机制方面全面展开研究，致力于寻找新的催化材料和探索高效的能量转换机理，系统研究了水分子在 $TiO_2(110)$ 表面的吸附行为与光催化反应过程（见图 3.4），首次观察到单个水分子通过质子转移而分解的行为，清楚地揭示了空穴氧化主导的水分解机制，解决了关于水分解的第一步反应究竟如何发生的长期争论。

该项目组通过原位的扫描隧道显微镜（STM）光催化实验，发现表面 Ti 原子位才是水分子的主要吸附位及光化学活性位。在波长小于 400nm（对应于 TiO_2 带隙 3.1eV）的紫外光照射下，吸附在 Ti 原子上的水分子因 HO—H 键断裂而分解，其中 H 原子转移到邻近的桥氧原子上，形成羟基（记为 OH_{br}），同时剩下的 OH 会以自由基的形式脱附到真空或吸附于近邻的表面（记为 OH_t）。结果证实，光催化的水分子分解是空穴参与的氧化过程。

在实际应用和理论研究中，锐钛矿型二氧化钛催化剂要比金红石型二氧化钛催化性能好，但对其机理的理解很欠缺，这主要受制于锐钛矿型二氧化钛高质量单晶样品的获得。针对这一问题，该项目组研究制备了高质量的锐钛矿单晶薄膜样品，提出了新的表面结构模型，即锐钛矿 TiO_2（001）再构表面表现为完全氧化的形式，澄清了这一表面缺陷结构及化学活性位的长期争论。这一发现为进一步设计和提高二氧化钛的催化活性及研究光化学反应提供了极有价值的信息。

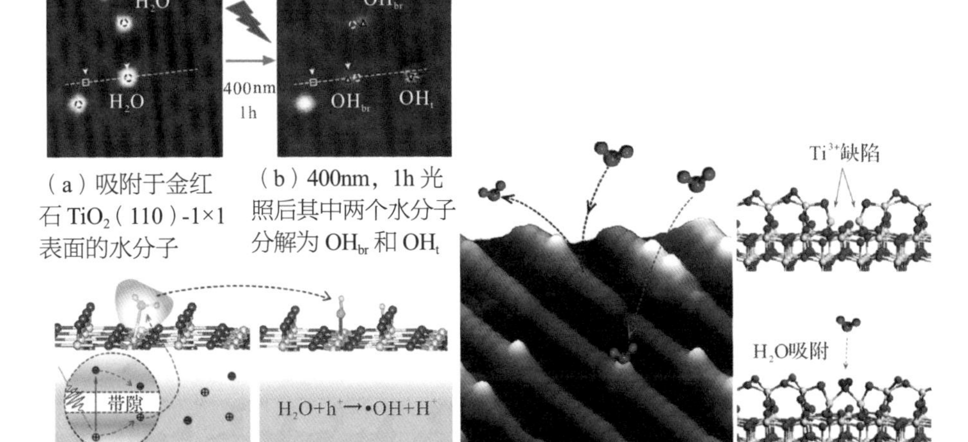

（a）吸附于金红石 TiO_2（110）-1×1 表面的水分子

（b）400nm，1h 光照后其中两个水分子分解为 OH_{br} 和 OH_t

（c）光生空穴诱导的水分子分解

（d）锐钛矿 TiO_2（001）表面结构和缺陷结构引起的活性位点

图 3.4 水分子在 TiO_2（110）表面的吸附行为与光催化反应过程

STM 光催化表征技术仅能获得反应前后的静态信息，但光催化反应时间尺度约在皮秒（ps）甚至飞秒量级，深入理解光催化过程还需要掌握超快动力学过程的测量。该项目组通过结合时间分辨光电子能谱系统，获得了 0.2fs 超高时间分辨率，研究了 Ag 纳米颗粒在 TiO_2（110）表面的等离激元共振与热电子能量转化的问题。在金属半导体异质结中，激发金属纳米颗粒的等离激元共振可以有效增强半导体材料的光催化效应。然而，界面处的电荷转移机制的理解一直是个难题。通过超快时间、能量和空间上的光电子谱表征，揭示了 Ag/TiO_2 界面的热电子主要来源于界面态及 TiO_2 衬底，证明了在小于 10fs 时间尺度内，界面的等离激元耦合及退激发过程导致的能量转移。同时，在针对二氧化钛表面光催化反应的实验方法上，结合光照射条件下原子分子尺度分辨的表征和超快动力学研究，对一些关键机理获得了深入认识。

（2）二维材料量子特性的表征与调控

石墨烯的有序晶界类似于一种准一维的周期结构，其电子能带中存在范霍夫奇点（van Hove singularity），使其可以有效提高石墨烯的载流子浓度。该项目组系统地表征了多种具有原子尺度分辨率的石墨烯有序晶界结构，在实验上首次证明了石墨烯中有序晶界存在范霍夫奇点引起的电子态，提出了一种可能的内嵌有序晶界的石墨烯条带结构，可用于提高基于石墨烯条带结构器件。

对石墨烯掺杂杂质来实现对石墨烯的电子学性质调控也是一种常用方法。如利用 N 或 B 掺杂实现电子型（n 型）或者空穴型（p 型）掺杂。在 N 掺杂的石墨烯中，一般存在三种化学形式的 N 原子：石墨型、吡啶型和吡咯型。理论计算表明，它们的掺杂效果是截然不同的：石墨型 N 具有 n 型掺杂效应，吡啶型 N 则就有 p 型掺杂效应，而吡咯型 N 的掺杂效应基本可以忽略。因此，原则上可以通过调控三种掺杂 N 原子比例，对石墨烯载流子浓度实现连续可控的调制。该项目组通过控制化学气相沉积生长中合适的生长参数，成功得到了单元素 N 掺杂调控 p 型或 n 型石墨烯 [45]。

超薄的二维 Bi 膜的原子结构为类似石墨烯的六角蜂窝晶格。Bi 本身是重元素，因此具备很强的自旋轨道耦合效应。Bi 膜起伏的蜂窝状几何结构特性及其较强的内禀自旋轨道耦合使其具有石墨烯所不具备的新颖的能级结构和物理学特性，如理论预言双层的 Bi 膜具有量子自旋霍尔态。该项目组利用分子束外延，在 Si 表面制备出高质量的多层 Bi 超薄膜，并利用低温强磁场超高真空扫描隧道显微镜，系统地研究了 Bi 膜的表面态和电子行为，清晰地观测到磁场下 Bi 表面态的朗道量子化（Landau quantization）能级（见图 3.5），解析了 Bi 薄膜表面的精细电子能级结构和奇异的自旋性质，有望应用于谷电子学和自旋电子学研究[46]。

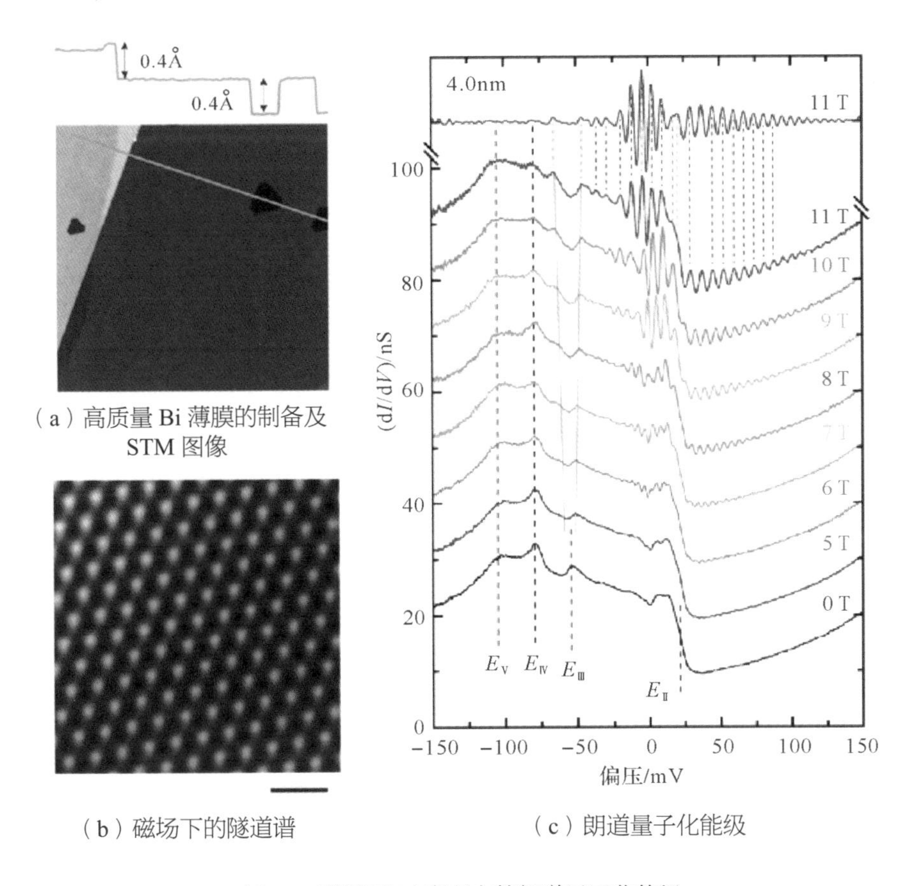

（a）高质量 Bi 薄膜的制备及 STM 图像

（b）磁场下的隧道谱

（c）朗道量子化能级

图 3.5　磁场下 Bi 表面态的朗道量子化能级

3.1.3　水在表面反应过程中的全量子化效应研究

“水的结构是什么”是 *Science* 杂志在创刊 125 周年的特刊中提出的 21 世纪 125 个亟待解决的科学难题之一。水的结构之所以如此复杂，其中一个很重要的原因就是水分子之间氢键的相互作用。人们通常认为，氢键的本质是经典的静电相互作用。然而由于氢原子核质量很小，其量子效应在室温下非常明显，氢核的量子隧穿和量子涨落将减弱经典势垒对氢原子的限制，从而增强或减弱氢键相互作用强度，改变氢键网络构型，甚至影响氢键体系的宏观物性。因此，如何实现对核量子效应的精准探测和描述是一个科学难题。

全量子化效应研究是物理和化学学科交叉的一个新生长点，也是近年来一个新兴领域，已展现出非凡的生命力和广泛的影响力。北京大学王恩哥项目组较早加入了国际竞争，在全量子化效应研究领域取得了奠基性的成果，并引领了该方向的发展。

在实验技术上，该项目组通过仔细论证和探索，成功地将亚分子级分辨成像和操控技术应用到水科学领域，开创性地把扫描隧道显微镜的针尖作为顶栅极（top gate），以皮米（pm）的精度控制针尖与水分子的距离和耦合强度，调控水分子的轨道态密度在费米能级附近的分布，从而在NaCl（001）薄膜表面上获得了单个水分子和水团簇迄今为止最高分辨的轨道图像，提升了对氢核的灵敏度探测。首次在实空间实现了对水的氢键构型拓扑结构的直接识别[4]，澄清了多年来长期争论的NaCl表面水的结构，提出了一种全新的以四聚体为基本单元的氢键构型，使得研究人员可以在实验中直接识别水分子的空间取向和水团簇的氢键方向。利用该亚分子级成像技术，还发现了一种违背“冰规则”的新型二维双层冰结构[47]。此外，该项目组还基于扫描隧道显微镜发展了一套独特的“针尖增强的非弹性电子隧穿谱”技术（TE-IETS），突破了传统非弹性电子隧穿谱技术在信噪比和分辨率方面的限制，首次将水的振动谱推向了单分子极限，在国际上首次获得了单个水分子的高分辨振动谱，并由此测得了单个氢键的强度。该技术为能量空间上氢核量子态的精密探测奠定了基础。

在理论计算方法上，王恩哥团队通过第一性原理电子结构计算与路径积分分子动力学方法的结合，发展了一套全量子化计算方法，超越了原有忽略原子核量子效应的通用软件包，解决了全量子化计算量巨大、耗时漫长的问题。基于此计算方法，发现由于氢原子核本身的核量子效应，氢在900GPa 到 1200GPa 之间可能以一种低温金属液体的形式存在[48]。这个结论与此前仅考虑对氢原子核本身进行经典处理的传统方法完全相反，将人们对氢相图的认识大大推进了一步，同时对高压物理的基础研究也具有重要意义。

基于上述技术手段和理论方法，王恩哥团队实现了原子尺度上水的全量子化效应的精准探测和描述。核量子效应的一个重要体现就是核量子隧穿（quantum tunneling）。由于氢键网络中的氢核通常具有很强的关联性，因此氢核的量子隧穿应该是一种协同行为，然而这种协同量子隧穿现象的存在一直没有确切的实验证据。王恩哥团队将 STM 亚分子级成像技术和实时探测技术相结合，实现了对 NaCl（001）表面上单个水团簇内氢核转移的实时跟踪，直接观察到了氢核在水分子团簇内的量子隧穿动力学过程，并通过理论计算确认了这种隧穿过程由 4 个氢核协同完成，是一种全新的相干量子过程，远比经典过程容易发生，从而澄清了水科学领域“氢核协同隧穿是否存在”这一重要的科学问题[49]。此外，通过离子修饰 STM 针尖，利用针尖与氢核之间的静电耦合调控氢核的协同量子隧穿过程，首次在原子尺度上实现了对水的核量子效应的操控，这也是研究核量子效应与局域环境相互作用的一种新手段。

核量子效应的另一个体现是核量子涨落（零点运动）。氢核量子涨落对氢键相互作用到底有多大影响？或者说，氢键的量子成分究竟有多大？这是核量子领域的一个核心问题。在实验上精确探测氢核的量子涨落存在着巨大的挑战，甚至比探测氢核的量子隧穿更为困难。王恩哥团队利用针尖增强的非弹性电子隧穿谱技术，将水的拉伸振动模式作为核量子涨落的灵敏探针，通过可控的同位素替换实验，结合全量子化计算模拟，发现氢键的量子成分可远大于室温下的热能，这表明氢核的量子效应不只是对经典相互作用的简单修正，其足以对水的结构和性质产生显著影响。进一步分析表明，氢核的非简谐零点运动会弱化弱氢键，强化强氢键，这个物理图像对各种氢键体系具有相当的普适性，澄清了学术界长期争论的氢键的量子本质[5]。该工作创新性地利用功能化针尖调控水分子费米能级附近的电子态，共振增强了电 - 声耦合，将信噪比提高了近两个量级，首次获得了单个水分子的振动谱，使得水的谱学研究上升到单键的水平。

目前的量子态探测和调控研究还是基于电子的轨道、电荷和自旋三个参数开展工作，忽略了原子核的量子效应。轻元素体系中电子和原子核的同时量子化（即全量子化）将突破传统量子调控研究的局限性，为量子物性调控加入新的自由度，并有望产生颠覆性的技术和器件，服务于未来量子科技产业。这将大大推动凝聚态物理、物理化学、材料科学等学科之间的交叉合作，也将会发展成为这些前沿学科的一个激动人心的研究方向。

3.1.4 拓扑量子态的制备与调控

物理学中存在着一些拓扑量子态，如二维电子气中的整数和分数量子霍尔态、对称性保护的拓扑绝缘态和拓扑超导态，这些物态的整体性质不随局部扰动等细节而改变。如果用这些拓扑量子态来编码量子信息，就有可能得到抗干扰的拓扑量子计算机。近年来，拓扑量子物态的研究备受重视。中国科学院物理研究所吕力项目组围绕拓扑绝缘体邻近效应超导态和砷化镓二维电子气的5/2分数量子霍尔态，在器件层面上开展拓扑量子调控研究，寻找拓扑超导和与之相伴的马约拉纳零能模（Majorana zero mode）。

（1）基于拓扑绝缘体邻近效应超导态寻找马约拉纳零能模

80年前埃托雷·马约拉纳（Ettore Majorana）预言了马约拉纳费米子。在凝聚态物质中寻找与之对应的马约拉纳零能模并证明其服从非阿贝尔统计，进而尝试实现拓扑量子计算，是目前物理学最前沿的研究领域之一。

这个领域中有个期盼已久的实验方案，即利用拓扑量子态构筑射频超导量子干涉器和约瑟夫森结，期待在这样的器件中就能找到马约拉纳零能模。这一实验方案的纳米线版、二维拓扑绝缘体版和三维拓扑绝缘体版被 C. L. Kane、L. Fu、S. Das Sarma 等理论物理学家屡次提出，并且哈佛大学的 A. Yacoby 和伊利诺伊大学厄巴纳 - 香槟分校（UIUC）的 D. J. van Harlingen 等实验物理学家也多次在大会上表示要做这个实验。但是迄今未见他们的实验报道。

作为这一实验方向上的研究积累，吕力项目组曾最早公布了拓扑绝缘体邻近效应超导后出现的零偏压电导峰 [50]，最早展示了可以利用邻近效应超导的拓扑绝缘体开展量子干涉实验 [51]。在本重大研究计划实施期间，该项目组与麻省理工学院（MIT）傅亮以及北京大学谢心澄等合作，进一步制备了依据三维拓扑绝缘体 Bi_2Te_3 的射频量子干涉器和约瑟夫森单结与三结，测量到了干净清晰的实验数据，显示出 4π 周期的能量相位关系以及拓扑保护的超导能隙关闭，并验证了马约拉纳相图 [52-53]。这些实验现象完美支持马约拉纳零能模相关的理论解释，表明确实找到了马约拉纳零能模。国际著名的 Carlo Beenakker 团队在一篇博士论文 [54] 中对我们的工作与领域内其他两个里程碑式的工作（Kouwenhoven 团队 [24] 和 Yazdani 团队 [55]）做并列介绍。

该项目组开创了用微纳电极测量超导约瑟夫逊结区接触电阻的方法，以此确定结区的安德列也夫（Andreev）/ 马约拉纳零能模的实验方法；从电极的制备到测量数据的分析，进行了系统研究，未来其他研究者也可以按照同样的方法开展研究。有别于目前马约拉纳零能模领域内其他研究者仅测量局域态密度的实验，该项目组的实验一方面用微纳电极测量不同位置的局域态密度，另一方面还配合以更为重要的相位敏感探测技术，使得实验结果更具说服力。

（2）基于砷化镓二维电子气 5/2 分数量子霍尔态寻找马约拉纳零能模

寻找马约拉纳零能模、探索拓扑超导和拓扑量子计算的另一路径，是研究二维电子气 5/2 分数量子霍尔态的干涉行为。人们最初希望以高迁移率二维电子气的分数量子霍尔态来实现拓扑量子计算。理论预言 5/2 等分数量子霍尔态的准粒子激发服从非阿贝尔统计，可以用于构筑拓扑量子计算机。拓扑量子计算最早寄希望的正是这一途径。为了开展这方面的研究，实验上需要构筑包含两个量子点接触的法布里 - 珀罗干涉仪干涉仪（Fabry-Perot interferometer），研究准粒子围绕这种干涉器中心的阿哈罗诺夫 - 玻姆（Aharonov-Bohm）干涉，以判别准粒子的有效电荷是否为 e/4。这方面国际上目前只有一个研究团队报道过一些 e/4 的实验数据，但未能得到其他研究者的重复[56]。

过去几年该项目组一直在推进这方面的研究工作，取得了一些阶段性进展：利用自制的 500 万迁移率的 GaAs/AlGaAs 材料制备了法布里 - 珀罗干涉仪干涉仪，观察到了库伦振荡，达到了国际上少数几个研究团队的研究水平，但也同样尚未取得突破性进展。进一步工作仍在继续。

（3）利用 Bi/Ni 双层膜首次给出手性拓扑超导电性存在的证据

物理学家们几十年来一直在寻找高轨道角动量配对的非常规超导电性。目前 d 波超导体的存在已有共识，但其他轨道角动量配对的超导体是否存在，还需要更多的实验证据来证明。

Bi/Ni 外延膜可能是一种非常规超导体，可在低温下实现超导与铁磁共存。如果 Bi/Ni 外延膜是一种高轨道角动量配对的拓扑手性超导体，那么预计其边缘将存在轨道磁矩导致的磁化。吕力团队与复旦大学金晓峰等合作发展了一种灵敏的原位超导量子干涉探测手段，用于寻找可能出现的 p 波等手性超导体的边缘态轨道磁矩，并在超导与铁磁共存的 Bi/Ni 薄膜的边缘测量到了超导畴翻转导致的干涉图案的反常“超前”回滞。该结果支持手性拓扑超导电性的存在[57]。这一工作的创新性在于，用被测量的超导材料原位构筑了迄今为止测量边缘态磁化最为灵敏的超导量子干涉器，使得吕力团队第一次确确实实看到了超导畴及其翻转过程导致的边缘态磁化特有的响应过程。

（4）参与发现量子反常霍尔效应

量子霍尔效应是凝聚态物理领域一种重要的物理现象。1980 年德国科学家冯·克利青发现整数量子霍尔效应，1982 年崔琦和施特默等又发现了分数量子霍尔效应。这些霍尔效应只有在强磁场中才能被观察到。吕力团队参与了清华大学薛其坤团队的一项合作研究，首次在 Cr 掺杂的 $(Bi,Sb)_2Te_3$ 样品中观察到不需要外加磁场的量子霍尔效应——量子化的反常霍尔效应[29]。

3.1.5 新型超导量子比特及相关宏观量子现象的研究

超导量子电路具有损耗低，量子态的制备、调控和读取灵活，以及与现有成熟技术相兼容和容易集成化等诸多优点，目前已成为实现固态量子计算和量子信息方面的有力竞争者，同时也为量子物理问题提供了一个很好的研究平台。近年来，这一领域特别是器件优化设计、量子相干时间和多比特耦合系统等方面的研究取得了巨大进展，但在通向实用化的道路上，它们在量子退相干机理、器件的进一步扩展、耦合和量子态的快速传递等方面仍有许多亟待解决的问题。中国科学院物理研究所赵士平项目组在以下两个方面取得了较为显著的研究成果。

①新型超导量子比特器件、多量子比特耦合器件以及它们面向量子计算应用的探索。这方面的研究包括基于双轨排列的负电感超导量子干涉器（nSQUID）等新型量子比特的研究，它们在耦合器件的量子态传输速度

和基础物理问题的研究上具有很大的优越性。这类量子比特的制备过程类似超导位相量子比特，是沿用半导体的平面多层膜工艺。该项目组首次成功完成了 nSQUID 这类新型量子比特的制备和器件量子相干性的测量，发展出一套成熟的超导量子比特制备的多层膜工艺，填补了国内在这一研究领域的空白（见图 3.6）[58]。

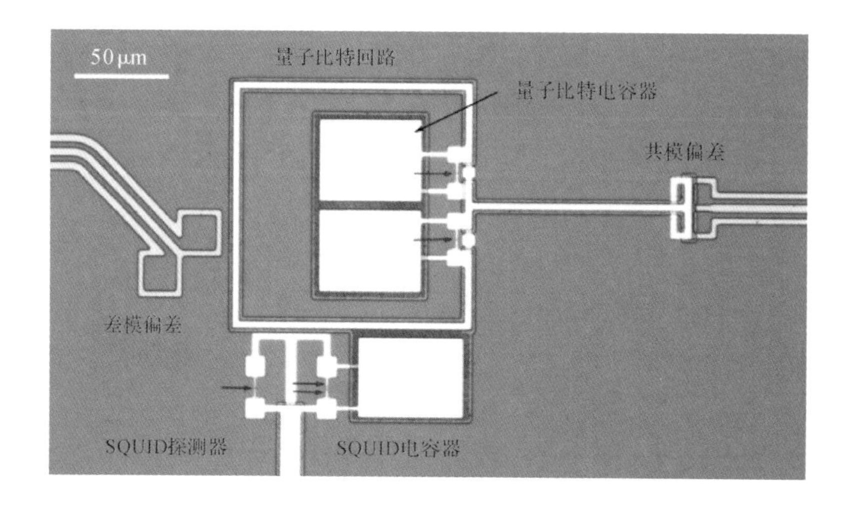

图 3.6 nSQUID 量子比特显微镜

②以超导量子电路为平台，对量子物理、量子光学等问题的实验和理论研究。近年来国际上逐步发展出了平面 2D 形式的 transmon 和 Xmon 器件，量子相干时间已逐步提高到数十微秒。这类新型器件已被证明在器件设计和耦合方面具有更大的优越性。该项目组和浙江大学及中国科学技术大学合作[59-61]，逐步完善了 2D 形式 Xmon 器件的制备工艺，制备出耦合多量子比特芯片，并参与合作研究，在国际上首次完成了多达 10 量子比特的量子态的纠缠，实现了求解线性方程组的量子算法和局域态等固体物理问题的量子模拟。

超导量子比特和谐振腔是典型的自旋 1/2 系统和玻色光子系统，是腔量子电动力学和相关宏观量子现象研究的理想载体。在量子物理和量子光学研究方面，该项目组基于已有的超导量子比特器件，在奥特勒 - 汤斯（Autler-Townes）劈裂、受激拉曼绝热通道、电磁诱导透明、循环跃迁和关联激光等方面形成了一整套系统和独特的研究成果。首次实现 Xmon 量子比特中的受激拉曼绝热通道的实验结果和理论结果如图 3.7 所示 [62]。此外，与日本 RIKEN 的研究人员合作，首次成功地基于超导三能级和谐振腔耦合系统，从理论和实验上证实了具有循环跃迁过程的关联激光 [63]。同时从理论上证实了在量子比特和谐振腔耦合系统中存在电磁感生透明（electromagnetically induced transparency，EIT）过程的可能性，并与美国国家标准与技术研究院（NIST）的研究人员合作，在实验中成功观测到了这一现象 [64-65]。

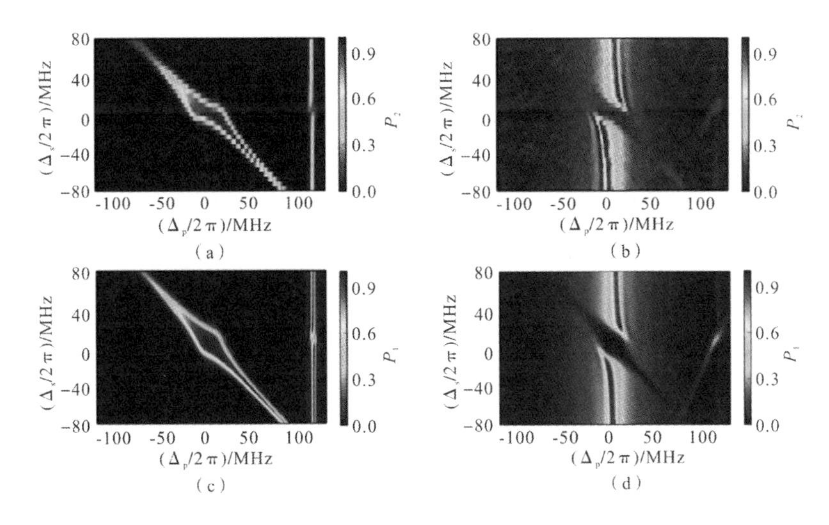

图 3.7 Xmon 量子比特中的受激拉曼绝热通道的实验结果和理论结果

超导量子比特和量子计算在最近几年内取得了令人瞩目的进展，器件的设计、制备、耦合以及量子态的操控更为简捷、合理，并有利于向更大规模的集成化发展，上述研究进展将对该领域的发展起到很好的推动作用。研究表明，transmon 和 Xmon 型超导量子比特是有利于向实用超导量子计算发展的器件类型，但仍有许多规模化方面的器件设计和制备的技术问题需要解决，并且依赖于器件量子相干时间的进一步优化。可以预期，在实用超导量子计算正式面世之前，这些领域还将出现更为丰富的研究成果。

3.1.6 自旋分辨激光光电子能谱对拓扑绝缘体的电子结构和自旋结构的研究

拓扑绝缘体是一种新的量子物态，其表面态具有奇特的电子结构和自旋结构，在量子计算和自旋电子学等方面具有重要的应用前景。拓扑绝缘体研究与应用相关的一个重要方面，在于它奇特的自旋特征，这在实验上只有通过自旋分辨光电子能谱才能直接测量。目前国际上自旋分辨光电子能谱设备寥寥无几，设备性能都难以达到研究拓扑绝缘体的要求。中国科学院物理研究所周兴江项目组基于最新研制的自旋分辨 / 角分辨激光光电子能谱系统，联合材料、实验和理论三方面的重要力量，在拓扑绝缘体这一新兴研究领域取得了重要成果和突破。

（1）首先完成了基于深紫外激光的自旋分辨角分辨光电子能谱研制

材料的宏观性质取决于材料内部微观电子状态。要确定材料内部电子的状态，需要三个基本参量：能量、动量和自旋。具有自旋分辨的角分辨光电子能谱，是研究拓扑绝缘体电子结构和自旋结构的关键实验手段。

周兴江团队与中国科学院理化技术研究所许祖彦院士、陈创天院士团队合作，成功研制出国际上首台基于深紫外（真空紫外）激光的自旋分辨 / 角分辨光电子能谱仪，自旋分辨最佳能量分辨率达到 2.5meV（见图 3.8），比目前国际上采用同步辐射的自旋分辨光电子能谱系统的最佳分辨率（~100meV）提高了一个量级以上，创造了自旋分辨光电子能谱仪能量分辨率的世界最高纪录。深紫外激光的使用，将自旋分辨光电子能谱技术提高到了一个崭新层次，为凝聚态物理尤其是磁学材料和自旋电子学

图 3.8 基于深紫外激光的自旋分辨 / 角分辨光电子能谱仪

材料的研究，提供了一个新的高尖端的实验手段。

（2）基于世界领先的深紫外激光角分辨光电子能谱系统对拓扑绝缘体的电子结构开展研究，揭示和验证了拓扑绝缘体的特性

①自旋分辨光电子能谱对拓扑绝缘体中自旋 - 轨道锁定现象的直接验证。拓扑绝缘体代表一种全新的量子态，具有奇特的电子结构和自旋结构。拓扑绝缘体表面态电子自旋高度极化，而且电子自旋和晶体动量锁定在一起，形成独特的螺旋状自旋结构。进一步的理论研究表明，拓扑绝缘体中除了自旋 - 动量锁定之外，还可能存在独特的自旋与轨道结构的锁定现象。该项目组利用自主研制成功的基于深紫外激光的自旋分辨 / 角分辨光电子能谱仪，采用不同偏振方式的深紫外激光对 Bi_2Se_3 拓扑绝缘体狄拉克（Dirac）表面态的电子结构和自旋结构进行了测量，发现上狄拉克锥和下狄拉克锥中存在自旋 - 轨道锁定现象，首次以实验验证了理论预言的拓扑绝缘体中的自旋 - 轨道锁定现象，确认了强自旋 - 轨道耦合系统在光电发射过程中自旋守恒规则依然成立，澄清了相关争论。此项工作推动了拓扑

绝缘体电子自旋结构研究，在实验上实现了对电子自旋方向的光致调控，对拓扑绝缘体在自旋电子学上的潜在应用具有重要意义[66]。

② $Bi_2(Se,Te)_3$ 系列拓扑绝缘体中电声子相互作用研究。该项目组利用角分辨光电子能谱仪研究了 $Bi_2(Se_{1-x}Te_x)$ 的三维拓扑绝缘体的表面态的电子结构，首次发现这些拓扑绝缘体中存在电声子相互作用所引起的“扭折”（kink）结构。通过对 $Bi_2(Te_{3-x}Se_x)$ 系列样品中狄拉克费米子多体效应的研究，建立了狄拉克费米子动力学性质随掺杂含量的演化相图。此项工作清楚地证明了拓扑绝缘体中狄拉克费米子与声子耦合的存在，以及狄拉克费米子动力学性质的可调节性。这些结果为狄拉克费米子的输运性质的研究及潜在的实际应用提供了重要的信息[67]。

③利用超高分辨角分辨光电子能谱对三维狄拉克半金属 Cd_3As_2 的研究。三维拓扑半金属是不同于拓扑绝缘体的另一种新的量子物态。理论预言 Cd_3As_2 是三维狄拉克半金属。该项目组利用超高分辨角分辨光电子能谱研究了 Cd_3As_2 的电子结构，从实验上印证了 Cd_3As_2 中存在三维狄拉克半金属态的理论预言[68]。

④在狄拉克材料 $SrMnBi_2$ 和 $CaMnBi_2$ 中观测到了具有显著各向异性的狄拉克锥状的电子结构。$SrMnBi_2$ 和 $CaMnBi_2$ 是理论预言的狄拉克费米子材料。该项目组生长了高质量的 $SrMnBi_2$ 和 $CaMnBi_2$ 单晶样品，利用角分辨光电子能谱对其电子结构进行了详细研究。利用角分辨光电子能谱，直接测到 $SrMnBi_2$ 和 $CaMnBi_2$ 中各向异性的狄拉克锥结构。结果表明，$CaMnBi_2$ 是一种新型的狄拉克材料，并且各向异性非常强。两种材料狄拉克锥各向异性拓扑结构的两种表现来源于 Sr（Ca）原子位置相对于 Bi 原子方形网状层的不同，这证实了通过调节 Bi 原子网状层周围的环境可以操控狄拉克锥的各向异性的可能性[69]。

3.1.7 核自旋体系的相互作用与量子操控

清华大学龙桂鲁项目组主要围绕核磁共振量子信息处理系统开展研究，主要成果如下。

（1）纠正了前人的错误，证明量子纠缠的测量必须使用量子态重构，并在核磁共振量子体系中进行实验验证

随着量子比特数目的增加，量子体系的自由度呈指数增加，对其状态特别是纠缠的测量变得非常复杂。这是核磁共振多体核自旋体系和所有其他量子信息处理体系所面临的迫切问题。现在对量子纠缠的测量仍旧依赖于烦琐的量子态重构过程，而量子态重构过程的复杂度随着系统维度呈指数增加，这大大增加了高维核磁共振体系的量子纠缠测量的复杂度，降低了量子纠缠测量的精度。过去近十年里，为了简化量子纠缠的测量过程，许多学者研究了量子态重构过程和量子纠缠探测的关系，努力寻找不进行量子态重构就可以测量量子纠缠的方法。该项目组从理论和实验两方面证明，对一些量子态而言，量子纠缠探测必须经过量子态重构的过程，这就排除了避开量子态重构过程来做量子纠缠探测的可能性。该项目组提出的 no-go 理论表明，对于不根据测量结果进行调节的单样本测量（nonadaptive single-copy measurement），量子态重构是获取量子纠缠探测的必经途径，任何不进行量子态重构就试图实现这一目的的方案都是不现实的。核磁共振量子体系验证了这一定理。这个结果为以后的量子纠缠探测指明了可能的方向，避免了其他科研工作者在错误的方向上浪费时间[70]。

（2）在国际上首次实验演示和乐量子计算方案

量子系统的操控精度制约了量子系统的可拓展性，提高量子操控的精

度是实现可拓展的、容错量子计算的关键。该项目组在国际上首次用实验实现了基于几何相位的和乐量子计算（holonomic quantum computing），和乐量子计算的独特几何性质使其能够抵抗操作误差。自 2001 年首个和乐量子计算理论方案被提出以来，多个不同的和乐量子计算理论方案相继问世。但由于其实现的复杂性，和乐量子计算的实验实现一直没有出现。

在本重大研究计划支持期间，该项目组在核磁共振量子信息处理器上首次用实验实现了非绝热和乐量子计算单比特门和量子受控非门（quantum controlled-NOT gate，CNOT 门）的演示，从而呈现了完整的量子计算过程。在实验中，该项目组利用室温液态核磁共振系统，采用能够提供三个量子比特的 diethyl-fluoromalonate 样品，以样品中的氟原子和氢原子作为工作量子比特，以标记碳原子作为辅助量子比特。将和乐量子计算中需要实现的量子操作分解为核磁共振系统中的自由演化和操控磁场，实现了非绝热完整量子计算。通过量子态重构和量子过程重构分析，在核磁共振系统中实现了具有高保真度的非绝热完整量子计算。该项工作发表后[71]，被发表在 *Nature*、*Nature Communication* 等杂志上的论文引用数百次，这些论文均为 ESI 高被引论文。

（3）在 12 比特核磁共振系统中以实验实现量子反馈算法

量子系统整体优化算法是提高量子控制精度的重要方法。在核磁共振、超导、离子阱等量子信息处理系统中，为达到高精度，操控脉冲往往需要在经典计算机中进行优化。但随着量子比特数的增加，经典计算机模拟优化所需要的计算时间随系统的比特数呈指数增长，这种优化过程将变得十分困难。这严重阻碍了量子计算机向更高的比特数发展。

该项目组以实验实现了在所需优化的量子系统中进行自身优化的算法，即基于测量的量子反馈算法（measurement-based quantum feedback control）。在目前核磁共振所能操控的最大系统——12 比特量子系统中，用实验制备了12比特相干态。通过量子系统自身设计操控脉冲序列的过程，使量子系统实现了自我反馈和优化，并降低了计算复杂度；同时也实现了对量子系统的精确控制，获得了较之前方案更优的结果。这一基于测量反馈控制的方法，为量子优化控制开辟了全新的方向，不仅节省更多的计算资源，更能实现对量子系统更精确的操控[72]。

对于量子信息处理系统中的量子态重构和纠缠态的关系，通过在核磁共振量子体系中实验验证，纠正了前人的错误，并证明了量子纠缠的测量必须使用量子态重构；在国际上首次以实验演示容错量子方案（和乐量子计算方案），说明可以利用和乐量子方案的几何性质使其抵抗操作误差；在核磁共振系统中实现量子反馈算法，表明可以在量子系统中实现自我反馈和优化，降低计算复杂度，从而提高精度。

3.1.8 拓扑保护的宏观量子态调控研究

中国科学院物理研究所李永庆项目组对拓扑绝缘体开展了从薄膜制备、物性和化学势调控到量子输运性质研究的一系列研究工作，主要成果如下。

（1）拓扑绝缘体薄膜化学势的全范围调控

该项目组在 $SrTiO_3$（111）衬底上外延生长了不同化学配比 $(Bi_{1-x}Sb_x)_2Te_3$ 拓扑绝缘体薄膜，利用底栅电压实现了对其化学势的大范围调控，即整个样品的费米能级可以从体导带调到狄拉克点以下甚至是价带之中。这种三元化合物的优点是：当化学配比合适时，Bi 和 Sb 的补偿效果可以有效减少体载流子浓度，从而实现比 Bi_2Se_3 薄膜更强的调控能力。此外，还改进了表面保护工艺，在拓扑绝缘体薄膜上用原子层沉积方法生长了 Al_2O_3 绝缘层后仍能保持较低的载流子浓度，实现了底栅和顶栅的同时调控。双栅调控可避免电势梯度，从而获得对上下两个表面化学势的精准控制。这些进展为深入研究拓扑绝缘体的电子结构和本征量子输运性质研究打下了良好的基础[73]。

（2）拓扑绝缘体在平行磁场中的量子输运性质研究

拓扑绝缘体研究的一个核心任务是通过优化材料生长和调控手段抑制其体内的电导，从而使表面态的一些脆弱的量子性质不被其体电导掩盖或破坏。随着材料制备水平的提高，如何表征体态较为绝缘的拓扑绝缘体材料的体电导成为一个实验挑战。由于并行的表面态电导的存在，传统的输运方法很难为较弱的体电导提供有价值的信息。

在拓扑绝缘体中，由于样品的有限厚度、体态的贡献及上下表面的直接耦合，反弱局域效应在平行磁场中的输运中得以展现。在弱平行磁场中，Altshuler-Aronov（AA）、Dugaev-Khmelnitskii（DK）、Beenakker-von Houten（BvH）、Raichev-Vasilpoulos（RV）等位相相干输运机制可用统一公式描述，但其对应的 β 因子不同。许多拓扑绝缘体薄膜的输运兼有 BvH 和 RV 机制的特点。平行场输运为表征拓扑绝缘体的体态绝缘体性及上下表面耦合提供了一个灵敏、方便的新手段[74]。

该项目组系统地测量了不同厚度的 Bi_2Se_3 和 $(Bi,Sb)_2Te_3$ 薄膜的平行场磁阻。对于体电导很大的 Bi_2Se_3 薄膜，其磁阻与厚度的平方成正比，并且描述磁阻大小的 β 因子约为 1/3，这与这对金属薄膜扩散型输运提出的 AA 模型一致（见图 3.9）。而对于化学势调控性更强的 $(Bi,Sb)_2Te_3$ 薄膜，在上下表面在一定程度上脱离耦合的双极性输运区域中，垂直磁场中的磁阻表现出典型的双通道输运特征，但平行场磁阻对应的 β 因子却比双通道模型预言的弱耦合数值大得多。该项目组提出利用平行场磁阻可对体电导带来的上下表面耦合实现灵敏探测，而使用垂直磁场中的输运测量方法（如霍尔效应、Shubnikov-de Haas 振荡或反弱局域磁阻）无法实现这类探测[74]。

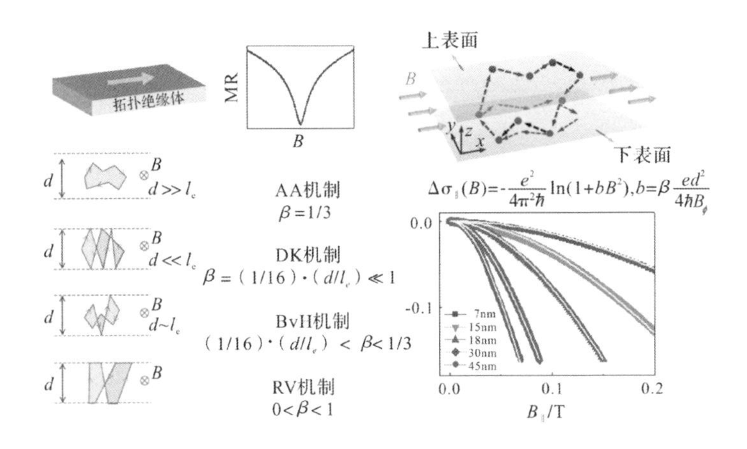

图 3.9 拓扑绝缘体薄膜的平行场磁阻

（3）超薄拓扑绝缘体薄膜的量子输运性质研究

当三维拓扑绝缘体薄膜的厚度小于 5nm 时，上下两个表面的耦合会产生一个能隙。理论预言这会带来由三维到二维拓扑绝缘体（量子自旋霍尔绝缘体）或普通能带绝缘体的转变，但该量子相变到底属于哪种类型至今还缺乏判定实验。该项目组系统地研究了不同厚度的拓扑绝缘体薄膜的量子输运性质，观察到使用栅压调控获得的最大电阻在超薄条件下随着厚度减小显著地增大，并且发现反弱局域效应被抑制的程度与样品无序强度紧密关联。还在拓扑绝缘体薄膜中首次明确地观察到莫特（Mott）型变程跃迁输运，证明了在超薄极限下该体系的电子可以被安德森局域化（Anderson localization）。只有在强局域条件下，低磁场磁阻才能为负。实验结果澄清了研究领域中存在的对超薄膜负磁阻来源的一些错误认识，为进一步研究该体系中的拓扑量子相变打下了重要基础[75]。

（4）拓扑绝缘体表面态的电子退相干机制

该项目组通过使用顶栅和低栅同时调控拓扑绝缘体 $(Bi,Sb)_2Te_3$ 上下表面的费米能级能，实现了上下表面脱离耦合的量子扩散输运。利用反弱局域化效应测量了电子退相干速率，并发现当薄膜的体态导电时，退相干速率对温度有线性依赖关系，这与传统二维电子系统中由电子 - 电子相互作用导致的奈奎斯特（Nyquist）退相干机制相符合；当体态较为绝缘且表面态输运占主导时，电子退相干速率呈现出亚线性的温度幂次依赖关系。为了解释这个不同寻常的温度依赖关系，该项目组提出了拓扑绝缘体表面态电子退相干的一个新机制：在体态较绝缘的拓扑绝缘体中，补偿掺杂带来的静电势涨落导致其体内形成纳米尺度的电子和空穴液团，电子在这些电荷液团之间的非弹性散射过程导致了实验观测到的亚线性温度依赖关系。这项工作表明，为了实现拓扑绝缘体电子相干性质的应用，需要寻找更加优质的材料。此外，还在高质量的 $(Bi,Sb)_2Te_3$ 及 $(Bi,Sb)_2(Te,Se)_3$ 样品中观察到以前没有观察到的电阻对温度的依赖关系，并且这种行为只在费米能级比较接近狄拉克点时才出现，这为理解电子 - 电子相互作用和拓扑保护之间的竞争关系打下了基础[76]。

（5）拓扑绝缘体表面态的磁性调控

理论预言利用磁性绝缘体和拓扑绝缘体的界面近邻效应可以在拓扑绝缘体的表面态中打开一个能隙。由于磁性绝缘体的居里温度常常远高于磁性掺杂的拓扑绝缘体，也许有希望在更高的温度下获得量子反常霍尔效应或其他量子效应。该项目组利用分子束外延技术，在具有较大垂直磁各项异性的磁性绝缘体 $BaFe_{12}O_{19}$（BaM）单晶表面上外延生长出拓扑绝缘体 Bi_2Se_3 薄膜，利用高分辨球差电镜表征了其界面结构，并系统测量了 Bi_2Se_3/BaM 的电子输运性质。在垂直磁场中，该异质结表现为抛物型正磁阻；在平行磁场中，则表现为抛物型负磁阻。这与非磁衬底上的尖锐型（cusp）磁阻形成鲜明对比。这些结果表明，反弱局域效应已被较强的界面磁相互作用强烈地抑制。抛物型磁阻与针对有能隙表面态得到的理论结果在现象上相符合[77]。

3.2 单量子态的新技术和新方法研究

本重大研究计划的科学家团队发展了单分子探针增强拉曼散射技术、扫描隧道显微镜与电子自旋共振联用技术、超高分辨的分子束散射探测技术和四原子态 - 态量子散射理论方法、氧化物分子束外延生长与高分辨原位电子结构测量技术，提出基于单量子态量子效应的原型器件的可行方案，使我国在能谱和光谱研究实验技术方法方面进入了国际先进行列。

3.2.1 冷原子系综单集体激发态的操纵、转化及退相干研究

中国科学技术大学苑震生项目组开展的主要研究内容如图 3.10 所示。主要研究客体为冷原子系综集体激发态，聚焦在对其两个主要性能的提升：退相干时间和读出效率。主要实验手段是精准调控光场、磁场、微波场等电磁场与原子态之间的相互作用和转化，推动各种量子调控技术的发展；并以此为基础，开展光与原子纠缠、原子 - 原子纠缠方面的研究，面向量子信息科学方面重大需求做出创新性实验探索。在物理上厘清了集体激发态在微秒到秒的 6 个量级的时间跨度上各种退相干机制，通过磁场 / 光场稳定及补偿、原子热运动冻结等手段将相关时间提升到了秒的量级；通过开发环形光学腔、将冷原子集体态与腔模匹配耦合，实现了读出效率的大幅提升（至约 80%）。通过实验获得了高可读取的光子 - 原子纠缠源、高保真度和可拓展的原子 - 原子纠缠源，为远距离的量子通信和可升级的量子计算提供了重要的物理、技术和人才储备。

（1）原子系综单激发态的产生及操纵

该项目组研究了双光子受激拉曼跃迁技术在单激发态量子比特操纵过程中的适用性。在单激发态存储过程中，利用双光子受激拉曼跃迁等技术

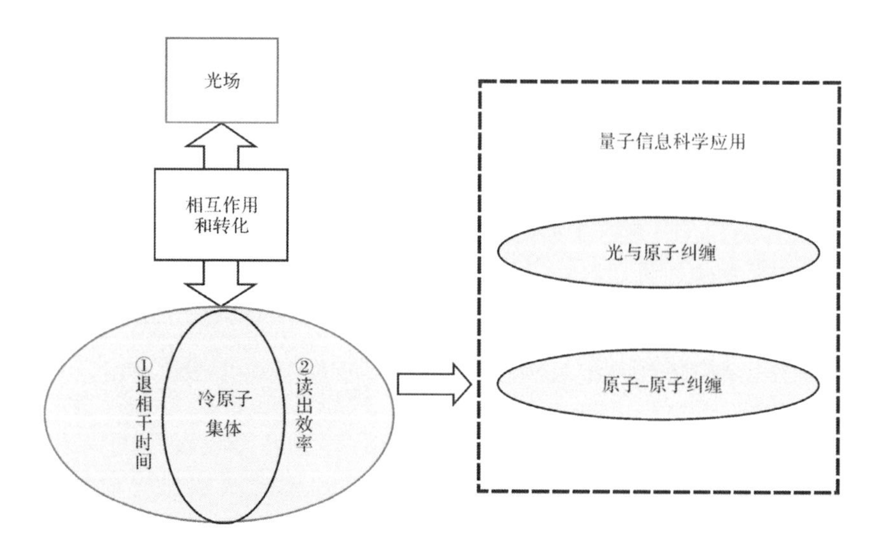

图 3.10 项目的主要研究内容

翻转自旋波波矢，抑制原子随机运动对自旋波相位相干性的破坏，进而提高了存储寿命；首次成功地通过实验演示了自旋回波技术对单量子系综存储器的适用性，并可广泛应用于其他各种类型的系综存储器[78]。

（2）单激发态到单光子的高效转化及探测

该项目组搭建了冷原子系综与环形谐振腔耦合系统，研究并发展了高透过率、高稳定性的窄频滤波器件，提升了单光子的滤波效率；在环形腔的帮助下，研究了单激发态转化为单光子过程中，原子系综对单光子的相移并进行了补偿，提升了这一过程的转化效率；研究了单激发态存储过程中，重力对单激发态退相干的影响，通过加入大失谐光晶格技术，有效抑制了重力和热运动带来的原子逃逸，使得原子与光场之间有更好的空间模式匹配；在以上研究的基础上，利用量子反馈技术确定性制备单激发态，将其转换为单光子，形成确定性单光子源，并对单光子源的相干性、光子统计等进行了研究。此项工作中实现的可高效读出光与原子纠缠将在未来大尺度量子中继及量子网络中有重要应用，如在多个量子存储器间建立纠缠等[79]。

（3）单激发态的相干时间提升及退相干机制研究

该项目组使用失谐光晶格约束原子系综的自由扩散，降低了单激发态存储过程中的原子数损失，限制了原子系综中每个原子沿着单激发态自旋波波矢方向的运动，降低了原子运动对自旋波的扰动；研究了环境磁场对单激发态相干时间的影响，发展了磁场的主动补偿技术；研究了原子间碰撞、光晶格激光与原子间散射对集体态相干时间的影响。该实验里程碑式的意义在于第一次将存储寿命及读出效率提升至满足远距离量子中继的实际需求。据估算，当前结果结合多模存储、高效通信波段接口等技术已在原理上可支持通过量子中继实现 500km 以上纠缠分发，并超越光纤直接传输极限[80]。

（4）单集体激发态和单原子激发在量子信息中的应用

该项目组基于以上各种实验技术的积累，实现了高可读的光与原子系综纠缠态；基于超冷原子光晶格技术，实现了约 600 对的原子 - 原子纠缠对。面向多节点多级次量子中继器网络、基于多原子纠缠的单向量子计算技术展开了可行性研究，首次在超冷原子光晶格中实现了原子自旋比特的纠缠产生和探测[81]。

量子纠缠是进行量子信息处理的最基本和最核心的资源。如何产生可升级的多粒子纠缠态，成为量子计算科学研究中亟需解决的关键科学问题。由于其优越的退相干性能和同时对大量粒子进行并行调控的特点，光晶格中的超冷原子成为解决这一科学问题的最有希望的物理体系之一。科学家们提出了相应的理论方案，通过对超晶格中的自旋比特进行操控，经过三个步骤形成大量粒子的纠缠。该理论方案的第一步就是形成相邻格点间原子比特的纠缠。虽然过去十几年来，人们进行了大量探索实验以实现第一步，但是由于几个重要实验手段的缺失，产生并验证光晶格中相邻两粒子——双阱势中的原子——的纠缠一直不能实现。该项目组经过长期努力，搭建了一套十分新颖的实验平台。一方面，通过在超晶格双阱势中引入自旋依赖的光晶格，可以高保真度地分别调控双阱势中左边或者右边的粒子，初始化粒子状态后再经过超交换过程，形成所需的量子纠缠态；另一方面，开发了全新的两步过滤 - 成像方案，准确测量了两个比特的极化关联，获得了纠缠态的保真度及其对应的贝尔不等式破坏信息，首次以高保真度产生和验证了这种体系中的量子纠缠，为未来基于测量的量子计算铺平了道路。该实验平台由于其特有的自旋依赖内嵌超晶格、高分辨原位探测、自旋关联测量等特点，在超冷原子量子模拟方面也将获得重要的应用。

3.2.2 超导量子比特和集成化固态量子比特的探测和相干操纵

超导量子比特主要研究方向是延长退相干时间，提高量子比特操控与测量精度，以及扩展量子比特数目。南京大学于扬项目组在超导量子比特和谐振腔组成的混合量子系统中就这三个方面都开展了深入研究。在延长退相干时间方面，通过优化设计方案、提高真空度、优化微加工工艺、改进测量系统、用红外屏蔽等方法，把退相干时间提高了一个数量级，接近国际最佳水平。在提高量子比特操控与测量精度方面，研究了不同耦合强度对操控与测量精度的影响，利用 Randomize-Bench-Marking 方法测量了单比特的操控精度；研究了单比特的态层析，利用态层析得到单比特测量精度，提出并验证了一种新的两比特态层析方案，测量精度达到 98.3%；研究了几何相的朗道 - 齐纳干涉（Landau-Zener interference），为量子计算和量子模拟提供了新的方案[82]。在扩展量子比特数目方面，在国际上首次演示了 13 个超导量子比特的立体封装，实现了单比特和两比特逻辑门，为超导量子比特的实用化打下了基础。

对超导量子比特控制精度的提高，使该项目组在利用超导量子比特开展量子模拟方面走在国际前列。其代表性工作包括利用超导量子比特对一维伊辛模型（Ising model）的 Kibble-Zurek 机制进行了量子模拟。Kibble-Zurek 机制研究许多系统相变过程中产生的拓扑缺陷，在物理和化学领域的非平衡态动力学中具有重要意义。理论预言朗道 - 齐纳跃迁(Landau-Zener transition）等价于 Kibble-Zurek 机制。该项目组利用超导量子比特模拟了一维伊辛模型的 Kibble-Zurek 机制，首次通过实验观测到绝热 - 冲击 - 绝热区域以及量子态的冻结等现象，还得到了理论预言的标度律，这是用超导量子比特进行量子模拟的为数不多的实验工作之一。

拓扑材料是当今凝聚态研究的一个热点，受材料合成以及测量表征方法的局限性，一些理论预言出来的新奇拓扑材料很难在实际实验中制备或者观测。受到空间 - 时间反演对称性保护的拓扑半金属就属于这种难以合成和观测的拓扑材料。为了研究这种材料的新奇性质，该项目组在超导量子芯片中对这种材料的能带和谱结构进行了有效的量子模拟。研究结果表明，该种材料在受到空间时间对称保护后，具有一定的鲁棒性。这种采用超导量子芯片模拟拓扑材料的方法，为后续拓扑材料的研究提供了一个很好的物理平台。

该项目组的量子模拟工作为超导量子比特的应用开辟了新的方向，特别是对拓扑能带结构的模拟，提出了芯片宇宙的概念，推动了超导量子比特和凝聚态物理、高能物理的关联。

3.2.3 单分子光量子态的动态检测与调控

近年来，国际上量子态调控方面的研究迅猛发展，为后摩尔时代的量子信息技术指明了方向。其中分子尺度体系由于其固有的量子化结构而表现出丰富的光、电、磁特性，成为量子计算和信息技术的物质载体的最佳选择之一。实现分子尺度上量子态调控的前提，在于人们必须在分子层次上对量子现象及其本质有清晰的认识和理解。而具有单原子实空间分辨能力的 STM 为单分子尺度下的单分子光电量子态性质的探索提供了一个强有力的测试平台，将其与具有单光子检测灵敏度的光谱技术（如荧光和拉曼光谱）结合，可以实现对金属隧道结中单个分子的光电性质特别是单分子电致发光和单分子拉曼散射特性进行深入细致的综合研究，进而在亚纳米尺度上对单个分子进行化学识别和成像，了解和掌握单分子光量子态的调控规律与手段。为此，中国科学技术大学董振超项目组在单分子光谱探测与成像方面进行了深入研究，取得了一系列创新性科研成果。

（1）单分子化学识别的超高空间分辨探针增强拉曼光谱术（TERS）研究

光谱学是化学分析中极为重要的手段，其中拉曼光谱（Raman spectrum）因其对分子的指纹识别特性而在结构分析中得到广泛应用。但是，常规拉曼光谱受到低灵敏度和传统光学衍射极限的限制，要实现纳米尺度下的单分子拉曼光谱学研究，就必须采用近场探针技术（如 STM）与拉曼光谱技术相结合的方法，即探针增强拉曼光谱术（tip-enhanced Raman spectroscopy，TERS）。利用 STM 金属针尖近场区域极其局域化的电磁场，既可以实现极高的空间分辨率，又能增强光谱信号提高探测灵敏度。近几年，该项目组通过自主研制的 TERS 测量系统，在高分辨化学成像方面取得了突破性进展。

为了实现单分子 TERS 的有效探测，在已有的低温超高真空 STM 系统的基础上搭建了拉曼光路收集系统。实验中选用银针尖 - 银衬底体系以及具有优越光电性能的卟啉分子 H_2TBPP，在获得其 STM 成像的前提下，进行 TERS 测量。充分利用 STM 针尖与金属衬底所构成的纳腔等离激元的宽频、局域与增强特性，巧妙调控等离激元共振模式与入射光激发、分子拉曼光子发射三者之间的“双共振”的频谱匹配，大大提高了探测灵敏度和空间分辨率，在国际上首次实现了亚纳米分辨的单个卟啉分子的拉曼光谱成像，将具有化学识别能力的空间成像分辨率提高到前所未有的 0.5nm，并可识别分子内部的结构和分子在表面上的吸附构型 [83]。

然而，实际的微观体系常由不同分子组成。相邻的不同分子的拉曼信号会不会发生交叠和干扰，TERS 能否识别相邻的不同分子，这些仍然是悬而未决但却具有重要实际意义的科学问题。针对这些挑战，该项目组选择了具有相似结构的两种卟啉衍生物分子 ZnTPP 和 H_2TBPP，在超高真空环境中制备出清晰的混合分子畴和分子链结构。实验结果表明，利用这种超高分辨的 TERS，可以对接触距离在范德华相互作用范围内（~0.3nm）相邻的不同卟啉分子进行清晰的化学识别，所测得的拉曼光谱具有各自特征的振动“指纹”，能够明显区分分子的“身份”和结构 [27]。

该项目组进一步将该技术推广到光学非共振的单个生物分子的检测与识别领域。选取了一对互补的 DNA 碱基分子，腺嘌呤（A）和胸腺嘧啶（T）。在实验中发现，两种碱基分子的 TERS 光谱受到表面选择定则的制约，表现出与常规拉曼光谱有所不同的特征，但是两种碱基分子仍然具备各自的 TERS 光谱指痕，这可以被用来对二者进行识别。两种碱基分子的 TERS 空间分辨率测量结果表明，二者均达到亚纳米水平（0.9nm），并在实空间上首次实现了对氢键耦合的碱基对中相邻不同单个碱基分子的清晰识别。这一成果为利用拉曼光谱实现单分子 DNA 碱基识别与测序研究提供了新的思路 [84]。

（2）电泵单分子发光中量子态耦合、转化与调控研究

分子的电致荧光特性可以反映分子量子态的耦合与演化特征，而要实现 STM 隧道结中隧穿电子激发的单分子发光，关键要解决以下两个问题：如何避开或削弱金属衬底对分子荧光的淬灭效应，以及如何提高单分子发光的发射强度。该项目组通过设计和制备脱耦合结构来抑制金属衬底对处于激发态分子的荧光淬灭效应，通过调控隧道结中纳腔等离激元的局域增强特性来有效增强分子的自发辐射速率，从而实现隧道结中分子的电致发光。此外，还观察到令人惊奇的能量转换发光现象以及无弛豫热荧光现象，并由此认识到局域表面等离激元场的强场增益效应可以实现对分子发光模式的选择。由此，亚波长尺度下纳腔等离激元可以作为一种频率可调的近场“光源”，在光电耦合与转化过程中起着至关重要的调控与放大作用，为纳米光电集成提供了新的信息和思路[85]。

在此基础上，该项目组通过进一步优化荧光分子与脱耦合层材料的选择与构造，以及对纳腔等离激元增强特性的精确调控，成功获得来自氯化钠脱耦合层表面上的单个孤立酞菁分子的强而稳定的电致分子荧光，并测量了分子发光的光子发射统计特性。所测量到的二阶相关函数在零延迟时的数值均小于 0.5，单光子发射的纯净度指标最好可以小到 0.09，从而表现出明显的光子反聚束效应。这些现象清晰地表明，电泵单分子发光具有单光子发射特性。另外，利用 STM 的单分子操纵能力，还构筑了二维 3×3 分子阵列（分子间距约为 4.4nm），并依次对阵列中每个分子的光子相关特性进行了测量。结果发现，所有分子均表现出近乎相同的单光子发射特性，实现了一种高密度单光子源阵列的构造。这些研究结果不仅为在纳米尺度研究金属附近分子的光物理现象提供了新的手段，也为研发面向光电集成量子技术的电泵单分子单光子源提供了新的思路[86]。

该项目组利用 STM 操纵，进一步缩小分子间的间距至接触模式，首

次在实空间对分子间的相干偶极相互作用进行了深入研究，发现二聚体结构的光谱以及光谱成像的空间特征均与单个分子的结果完全不同。分子二聚体的光谱峰出现了劈裂现象，光谱成像图案表现出类似 σ 或 π 成键反键轨道的空间分布特征。这些空间特征不仅反映了分子二聚体的局域光学响应特性，而且直观揭示了分子二聚体中各个单体跃迁偶极之间的耦合方向和相位信息。进一步推算出分子激子在分子二聚体中两个单体间的振荡频率为 ~10^{13}Hz，这表明一旦分子被激发，从 STM 探针局域注入的电子激发能量迅速被整个分子二聚体所共有，分子二聚体形成一个单激子纠缠体系，并且激子能量将以数十飞秒量级的速度在分子二聚体中来回振荡。这一研究结果为深入理解分子体系的相干偶极耦合提供了前所未有的实空间信息，开辟了研究分子间相互作用和能量转移的新途径，同时也为光合作用中分子捕光结构的优化和量子纠缠体系及其光源的调控提供了新的思路[83]。

3.2.4 室温单电子自旋量子态操纵和检测的实验研究

围绕金刚石中氮 - 空穴缺陷中心（NV 色心）单电子自旋量子态的退相干行为及机制、高精度量子操控和科学应用，中国科学技术大学杜江峰项目组取得了系列重要进展。

（1）单自旋量子态的退相干行为及其机制研究

量子退相干是当前量子调控领域面临的最主要的瓶颈问题之一。该项目组在单自旋量子态的退相干行为及其机制的研究上取得了如下成果。

①观测到室温下单电子反常退相干效应[87]。通常认为更强的噪声将会产生更快的退相干，但最近的理论研究发现，量子热库可能会产生相反的现象。在室温下的高纯金刚石 NV 色心自旋体系上，首次实验观测到这一

反常退相干效应。在动力学解耦下，尽管双跃迁与核自旋热库耦合强度比单跃迁强两倍，但双跃迁比单跃迁有更长的相干时间。这表明可以对热库中弱耦合的核自旋进行控制，对于量子信息过程和量子测量有重要意义。

②调制热库行为在经典和量子两种机制间转换[88]。在以上低静磁场下对单量子态退相干奇特行为的研究基础上，进一步通过改变外磁场，细致研究不同磁场下 NV 在 ^{13}C 热库中的退相干行为。通过对比不同磁场下单、双量子跃迁的不同退相干行为，实验证明，热库的动力学演化可以在量子和经典两种机制间转换，这一结果与理论模拟一致。

（2）单自旋量子态的高精度量子操控研究

量子操控是实现量子计算任务的基本单元。由于量子系统和环境的相互作用，量子操控不可避免地要受到退相干因素的影响，因此抑制退相干实现高精度量子操控至关重要。该项目组针对金刚石 NV 色心体系中不同的噪声来源，开展了实现高精度量子操控的系列研究。

①实现基于连续波动力学解耦的高保真度量子逻辑门[89]。连续波动力学解耦（continuous-wave dynamical decoupling，CWDD）方法可以将逻辑操作和解耦操作放在不同的空间实现，能够很好地与量子逻辑门结合起来。在超纯金刚石 NV 色心中利用 CWDD 将 NV 色心的相干时间提高了 20 倍，同时将 CWDD 与量子逻辑门结合起来，实现了高保真度的量子逻辑非门。

②以实验实现突破 T_2 极限的抗噪声量子逻辑门[90]。通过将动力学解耦技术与磁共振中的组合脉冲技术相结合，有效提升了量子逻辑门的品质。该工作首次成功地将对电子自旋的精确操控水平突破 T_2 极限，推进到 T_1 水平，极大地延长了可对电子自旋量子比特进行操控的时间，使得更为复杂精确的操控成为可能。

③朗道 - 齐纳隧穿（Landau-Zener tunneling）实现时域拉比振荡（Rabi oscillation）[91]。利用外操控电子自旋的操纵场也会引入额外的噪声。利用

快速的微波频率调制，将拉比振荡与朗道 - 齐纳隧穿结合在一起，首次在时域上观测到超过 100 次的朗道 - 齐纳隧穿现象，并且利用多次隧穿形成一种新型拉比振荡。这种新型拉比振荡可以有效抑制从操纵场引入的噪声，从而为实现精密操控提供了一种崭新的手段。

（3）量子精密测量研究

通过发展金刚石 NV 色心单自旋量子态的实验技术，为基于该体系实现单分子磁共振的量子精密测量研究奠定了基础。该项目组在这一方向上取得了系统性的研究成果。

①实现（5nm）^{3} 尺度的微观核磁共振 [10]。该项目组与德国斯图加特大学 Wrachtrup 团队合作，选取 NV 色心固态单自旋作为探针，代替传统的电探测方式，将微观自旋体系产生的弱磁信号转为相干态的相位，从而实现高灵敏度的信号检测。基于此原理，通过多次尝试及技术改进，最终用近表面的 NV 探针成功以实验实现了体积仅为（5nm）^{3} 中氢核自旋样品的检测，灵敏度相当于 100 个极化的质子自旋。

②实现单核自旋灵敏度探测 [13]。该项目组与德国乌尔姆大学研究团队合作，利用距离金刚石表面以下 1.7nm 深的 NV 单自旋探针，探测到了四个硅核自旋（^{29}Si），灵敏度达到了单质子核自旋。

③使用 NV 探针实现单核自旋簇相互作用探测及其原子尺度的结构分析 [11]。不同于之前探测无相互作用的自旋，直接测量单核自旋簇中的相互作用能够揭示复杂分子或多体系统的内部结构和相互作用机理。该项目组利用自主研制的实验设备，率先实现了对单核自旋簇间相互作用的探测及其原子尺度的结构解析。这是当时国际上唯一一个实现单核自旋簇相互作用探测和结构解析的研究成果，为单分子核磁共振在物理、生物、化学、材料等多领域的重要应用奠定了基础。

④首次测得单蛋白分子顺磁共振谱 [10]。该项目组使用金刚石量子探针，

在国际上首次测得单个蛋白质分子的顺磁共振谱并解析其动力学性质。该成果首次将顺磁共振技术推进到单个生物分子。

⑤实现高分辨率矢量微波场探测[92]。该项目组使用 NV 单电子自旋体系作为探针，提出并以实验实现了能够测量微波磁场矢量（大小和方向）、高分辨率和室温下可工作的矢量磁力计，其性能超过当前其他微波磁力计。

3.2.5 单量子态的超快超灵敏探测和操控研究

中国科学技术大学郭国平项目组的研究工作主要体现在半导体量子点电荷量子比特的制备、高灵敏探测、操控及其与微波谐振腔的相互耦合。在半导体电荷量子比特研究方面，在国际上首次实现了基于半导体量子点的单电荷量子比特超快逻辑门操控和两电荷量子比特的受控非逻辑门操控，以此构建了基于半导体量子点的量子逻辑比特单元库；在超导微波谐振腔与量子点的耦合方面，在国际上首次实现了超导微波谐振腔与石墨烯量子点的耦合，并利用微波谐振腔实现了石墨烯量子点量子态的高灵敏探测与两个量子点的远程耦合。上述两个方面的研究工作对国际半导体量子点量子计算研究起到了极大的推动作用，我国在半导体量子点量子计算领域占据了一席之地。具体研究工作如下。

①在砷化镓半导体异质结上，成功制备了带量子点接触探测通道的双量子点器件，并利用双量子点汇总单电子的电荷在左边还是在右边量子点的不同位置状态编码单电荷量子比特，利用 Landau-Zener-Stückelberg（LZS）效应，通过调节加载在栅电极上的电脉冲高度和宽度，实现超快单电荷量子比特普适逻辑门，该量子比特的操控速度达到了 10 皮秒量级，比半导体自旋量子比特提高了近百倍[93]。该项目组利用 LZS 干涉过程，实现了电荷单量子比特皮秒量级超快普适量子逻辑门操作。该工作在国际上首次将半导体量子比特操控时间提高到 10 皮秒量级，也为研究此类问题提供

了一个很好的物理平台。

②利用标准半导体微纳加工工艺设计，制备了多种半导体强耦合电控量子点结构，使两个量子比特间的耦合强度超过 100meV；通过不断改进量子比特逻辑操控中高频脉冲信号的精确控制等问题，使得脉冲序列间的精度控制在皮秒量级，并最终实现了两个电荷量子比特的 CNOT 门，其操控最短在 200ps 以内完成。相对于目前国际上电子自旋双量子比特的最高水平，新的半导体双量子比特的操控速度提高了数百倍[94]，实现了半导体电荷双量子比特 CNOT 门操控。

③实现了超导微波谐振腔与石墨烯量子比特的复合量子比特结构。在该石墨烯与超导复合结构上采用微波探测技术，在国际上首次测定石墨烯量子点比特的相位相干时间，并进一步发现石墨烯量子相干时间和其量子点中载流子的数目有独特的四重周期特性，为实验探索与验证石墨烯自旋和能谷自由度四重简并带来的基本物理提供了新方法和新机理。实验测试表明，该新型超导量子数据总线与石墨烯量子比特的耦合强度达到 30MHz，在未来大规模集成的量子芯片架构中将具有重要意义[95]。

④首次在国际上成功地实现了两个石墨烯量子比特的长程耦合，测量到相距 60μm（量子点自身大小的 200 倍）的两个量子比特之间的量子关联。因为是第一个在量子点体系里面实现基于超导腔的两个量子比特长程耦合，该工作立即引起国际同行广泛关注，被认为对将来实现远距离量子点比特之间的量子纠缠以及最终实现集成化的量子芯片均具有重大意义[96]。

3.2.6 近红外单光子探测与成像新技术与新方法研究

华东师范大学曾和平项目组主要研究近红外波段单光子探测与成像的新技术与新方法，发展形成了高速单光子测量若干新技术，如高速单光子探测技术、高速光子数分辨探测、表面等离子增强单光子探测效率等，并将其应用于激光测距及成像等领域，探索单光子成像新方法。

（1）近红外波段高速单光子探测

①高速近红外单光子探测技术。常规近红外单光子探测通常采用低速门限工作模式，但现有的低速门模式探测方法无法应用于高速单光子探测，这是当前限制单光子探测应用拓展的主要技术瓶颈。该项目组结合平衡噪声抑制方法和正弦门滤波技术，发展出一种正弦门平衡滤波的新方法。该方法兼有正弦门滤波和尖峰噪声平衡抑制两者的优势，改善了雪崩信号的信噪比，在较低的雪崩增益下即可清晰鉴别雪崩脉冲。基于该方法，发展成 GHz 高速近红外单光子探测技术，并研制成模块化单光子探测仪器。

②低时间抖动的高速单光子探测方法。经实验分析发现，单光子雪崩脉冲的频谱主要集中在 500MHz 以下，当加载 1GHz 以上门脉冲时，所产生的尖峰噪声为 1GHz 及少量低幅度的谐波。采用正弦滤波平衡的高速单光子探测技术，可最大限度地抑制尖峰噪声且保留雪崩信号，同时有效地减少单光子雪崩信号的时间抖动。通过控制加载在雪崩光电二极管（APD）上的正弦门有效探测门宽，实现了极低时间抖动的高速单光子探测，获得的时间抖动仅为 60ps[97]。

③高速低噪声与低时间抖动的近红外单光子探测在测距成像领域的应用。正弦滤波平衡的高速单光子探测支持准连续的单光子测距，这种准连续测距模式得益于加载在 APD 上的高重正弦门，极低时间抖动的高速单光子探测使得单光子测距精度得到提高。经实验验证，对 32m 远处的物体进行单光子探测测距，测距空间分辨精度为 6cm。

（2）光子数分辨探测技术方法及应用

①高速光子数分辨探测方法。该项目组将正弦滤波平衡技术应用于

多像素硅基 APD 阵列，发展形成高速光子数分辨探测技术方法，采用正弦低通滤波将尖峰噪声降低到热噪声水平，提高探测器的信噪比，同时降低时间抖动，将多像素硅基阵列光子数分辨探测器的探测速率提高到 200MHz，实现了可见光高速光子数分辨探测，为光子数可分辨探测在量子光学中实际应用奠定了技术基础。

②高效率光子数分辨探测方法。利用金纳米颗粒的表面等离子增强效应，将金纳米颗粒置于多像素硅基 APD 阵列的感光表面，利用金纳米颗粒对光子的散射和干涉构成共振增强效应，提高了光子数可分辨探测器的探测效率，将 650nm 处的探测效率提高了 2.7 倍。同时，对金属纳米结构表面等离子体偏振特性开展了研究，为利用表面等离子体共振增强改善单光子探测中偏振效应的影响提供了依据。

③光子数可分辨探测波长拓展。发展完成一种时 - 频域匹配的单光子频率上转换技术和实验系统，以 1.55μm 光纤脉冲激光输出作为泵浦源，以 1.04μm 光纤脉冲激光经衰减后作为信号源，在时域上与光谱线宽上优化匹配单光子脉冲和泵浦光脉冲，利用交叉相位调制诱导非线性偏振旋转控制实现信号源与泵浦源同步，使单光子频率上转换效率达到 90% 以上。基于此同步泵浦系统，将光子数分辨探测拓展到近红外波段 [98]。

④光子数分辨探测应用演示。由于衰减激光入射光平均每个脉冲所包含的光子数不尽相同，泊松分布的光子脉冲所包含的光子数完全随机。因此，利用光子数分辨探测器记录每个脉冲含有的光子数，便可以构成随机数序列，从而研制光子数分辨探测的随机数发生器。实验中，脉冲激光器为 705nm 波段（重复频率为 8MHz，半高全宽约为 30ps），通过衰减器衰减到准单光子水平，以产生所需的相干态。所采用的光子数分辨探测器为硅基 APD 阵列记录每个脉冲中所含有的光子数。这种量子随机数发生器既保证了随机源的绝对可靠性，又提高了有效随机数产生的效率和速率。

（3）单光子 / 少光子成像方法及应用

①近红外单光子成像测距。该项目组利用高速近红外单光子探测器，配合空间扫描技术，实现了基于单光子探测的三维远距离激光成像。利用100像素点的光纤阵列集束器接收返回光子，通过测量每个像素点，还原各像素点的相对位置，形成远距离三维测距成像。在对距离30m远处的物体成像时，所需激光能量仅为4nJ，轴向成像精度为6cm。

②单光子频率上转换成像。在时 - 频域匹配的单光子频率上转换技术和实验系统的基础上，以电子倍增耦合器件（electron multiplying charge-coupled devices，EMCCD）作为成像器件，对经上转换后获得的可见光信号进行成像，成像灵敏度为平均光子数为2光子 / 脉冲，成像转换效率为33.5%，背景噪声仅为1.5×10^3cps（counts per second）。进一步将单光子频率上转换探测技术向中红外波段拓展，实现了中红外波段单光子灵敏探测及成像[99]。

③表面等离子体增强NV色心单光子发射成像。利用单光子灵敏成像，采用离焦成像的方法研究了金纳米薄膜上金刚石NV色心偶极矩空间取向与表面等离子体耦合强度的关系。研究结果表明，当偶极矩垂直于金薄膜时，表面等离子体与色心的耦合强度较高，增强效应明显，NV色心的荧光寿命缩短，荧光强度增大，同时发光的偏振对比度提高。NV色心单光子发射成像直接探明了表面等离子体对单光子产生的空间分布影响，为利用表面等离子体改善单光子空间分布特性提供了重要依据。

3.2.7　半导体上转换红外单光子探测研究

上海交通大学张月蘅项目组基于在半导体光电器件与物理尤其是半导体红外上转换成像器件方面的前期工作，提出一种1.3~1.55μm光纤通信波段半导体上转换单光子探测（USPD）方案，细致地研究了其器件结构，给出了 USPD 器件的性能指标并与现有的该波段的单光子探测器做比较，最后给出了 USPD 单光子探测方案的最新实验进展及器件制备工艺。该单光子探测方案目前在世界范围内未见公开报道，属于首次提出。该方案的关键特性在于，它不再采用 InP 结构实现信号的放大，而是利用成熟的单光子雪崩二极管（SPAD）器件来实现信号的放大和采集，从而规避 InP 结构在暗计数率和后脉冲效应带来的各种严重问题。红外光子频率上转换器件响应速度快，最高可达 GHz 量级。而上转换产生的 0.87μm 波长光子由 Si SPAD 探测，其计数率可超过 10MHz。该项目组所提出的频率上转换单光子也有望达到这一量级的计数率，同时具备连续计数功能。这一方案不仅是现有半导体红外上转换和红外上转换成像方面工作的简单延续，同时具备重要的科学研究价值，涉及红外单光子吸收、单载流子输运和复合等各方面的关键科学问题 [100]。具体研究进展如下。

①从理论上细致地研究了 USPD 器件，给出了 USPD 器件的各项性能指标，包括时间分辨率、光子探测效率、暗计数和暗发光、噪声等效功率等，并与现有的该波段的单光子探测器进行了比较。

②对 InP/InGaAs 近红外探测器的暗电流、能带结构、串音特性和量子效率进行仿真模拟及性能优化，得出了最优的器件各层厚度以及吸收层掺杂浓度，实验生长制备器件在 1550nm 光电转换效率高达 0.9~1.1A/W，接近目前市场商用 InGaAs 器件。

③对 GaAs/AlGaAs 双异质结发光二极管的器件结构及激活层厚度和掺杂浓度进行调控与优化，得到了弱光驱动下内量子效率接近 100% 的室温下峰值波长为 870nm 的近红外发光二极管。

④对 GaAs/AlGaAs 双异质结发光二极管在不同温度下的发光性质做了研究，研究了影响发光的不同的机制，发现该发光二极管在 50K 左右时量子效率最高，即该发光二极管的最佳工作温度为 50K。

⑤在最优化的InP/InGaAs探测器及GaAs/AlGaA发光二极管的基础上，利用分子束外延技术分别生长InP/InGaAs探测器及GaAs/AlGaA发光二极管，然后利用热压键合技术，成功集成制备了上转换红外单光子探测器件。

⑥搭建了上转换单光子探测系统，实现了上转换单光子探测器和Si APD的空间光耦合，初步实现了kHz以下的光子计数，并从原理上验证了这种全新的基于半导体红外上转换器件实现1.55μm单光子探测器的可能性。

3.2.8 微腔与单量子点单光子探测及器件制备

“类二能级原子”半导体自组织单量子点发光高效稳定。在弱激发下，单激子态发光产生稳定单光子流；在强激发下，双激子态级联发光产生稳定的偏振关联光子对，是制备单光子源/纠缠光子源的理想材料。通常通过控制量子点面密度、刻蚀微纳结构（如分布布拉格反射镜微柱、光子晶体腔）以隔离单个点，实现和增强量子发光。纳米线天然的空间分立性有助于控制纳米线上生长量子点的密度，便于实现量子光源。纳米线上生长单量子点的优势还包括：纳米线生长对晶格失配容忍度高，在同一种衬底上可生长GaAs、InAs、InP、GaN、InSb等多种纳米线，以这些纳米线为基体，可制备全波段单量子点；可获得无缺陷陡峭界面异质结量子点，量子特性更佳；纳米线光场的宽带模式分布可增强各波段量子点发光，使之从纳米线顶端“定点”输出。中国科学院半导体研究所牛智川项目组在纳米线量子点单光子方面取得了以下系列研究成果，推动了国内量子光源的研究。

①纳米线气-液-固模式生长需要液滴催化，通常采用的金（Au）液滴会污染分子束外延腔体。Ga液滴无污染，更合适。该项目组发展了Ga液滴自催化纳米线生长技术，通过调控外延速率、时间、As压、淀积温

度和 AlGaAs 盖层厚度，在 Si 衬底上生长出长度与取向一致、密度可控的 GaAs/AlGaAs 核 / 壳结构纳米线。通过 Ga 液滴在纳米线表面二次催化诱导，还制备出 Y 字形分叉结构纳米线。

②继续喷射 InAs 或 GaAs，在纳米线侧壁长出 InAs/GaAs 单量子点和 GaAs/AlGaAs 单量子点。实验发现，量子点成核与表面应力有关。InAs 量子点优先在纳米线分叉处成岛，因为这里的 GaAs/AlGaAs 界面应力较大，该成岛机制有助于实现单量子点定位和三端器件。这与 InP 纳米线上 InAs/InP 量子点的轴向生长机制不同。纳米线 AlGaAs 壳层提供了应力点便于量子点成岛。侧壁量子点表面需用 GaAs 或 AlGaAs 覆盖，以形成三维限制抑制表面态。测试发现，InAs/GaAs 单量子点在 4.2K 下光谱呈现细锐峰，线宽仅 101μeV，位于 910nm 波段，反映出极佳的量子特性；g2(0) 低至 0.031，证明是很好的单光子。GaAs/AlGaAs 单量子点均在纳米线侧壁成岛，其晶体质量优异，即使在 77K 下都能测到单光子性，g2(0) 仅 0.18；其发光位于 770nm 波段，具有微腔增强效果。模拟发现，纳米线光场具有宽带模式分布，是轴向 F-P 模式与径向回音壁模的叠加。GaAs/AlGaAs 量子点（分立能级）与 GaAs/AlGaAs 核 / 壳结构纳米线（一维连续能带）之间通过一层薄薄的 AlGaAs 层进行能态耦合，隧穿注入是使 GaAs/AlGaAs 量子点发光的途径。理论模拟发现，该 AlGaAs 薄层的厚度、组分对单量子点发光特性（如发光效率、光谱宽度、发光寿命等）有很大影响。通过调节生长参数，还在 GaAs 纳米线侧壁长出 GaAs 量子环结构，其密度和形貌可控，用 10K 光致荧光和 77K 阴极荧光进行分析，其光谱呈现锐利峰，间隔为 1~3meV，最窄线宽仅 578μeV，这表明环形电子态的量子性。模拟发现，这种量子环的 s 态波函数为全环，p 态波函数为半环[101]。

③纳米线 GaAs 单量子点波段通常位于 650~780nm。利用其单光子发射，该项目组与中国科学技术大学合作研究了频率下转换产生 1.55μm 光纤通信波段纠缠光子对的方案。选择波长 775nm 的纳米线单量子点，通过

紫外脉冲光激发、共聚焦光路收集，经偏振极化后进入周期极化铌酸锂晶体波导，自发参量下转换为波长 1.55μm 的预报式纠缠光子对。周期极化铌酸锂晶体波导的非线性转换效率高，可通过精密温控实现较宽工作波段（770~780nm）和输出波长调谐（1550~1600nm）。其产生的纠缠光子对的纠缠保真度达到 91.8%。

④长程纠缠分发需要基于单光子量子存储和两光子贝尔（Bell）基测量的量子中继技术。该项目组与中国科学技术大学合作，利用量子点 0.87μm 波段确定性单光子，通过光纤传输到 5 米外另一张光学平台上的掺稀土离子 YVO_4 晶体（即固态量子存储器）中，实现最高 100 个时间模式的确定性单光子量子存储，预计可使长程纠缠分发时间缩短到毫秒量级。量子点单光子波长（线宽 ~GHz）通过变温调节，以便与 Nd^{3+} 离子吸收峰（879.7nm，线宽 ~100MHz）共振。引入周期性调频 879.7nm 泵浦光可在 Nd^{3+} 离子中产生原子频梳，以拓宽吸收谱增强吸收。

⑤研究了纳米线单量子点的光纤耦合。用光纤直接黏合可保证系统稳定、测试简单，使单光子源走出实验室。用熔融光纤波分复用器，将激发光（633nm）光纤和荧光（700~980nm）光纤传入一路光纤探针，近场扫描样品表面以寻找单点，荧光光纤连接光谱仪，得到实时表征。测试时，于样品槽加液氮，使量子点降温发光。找到单点后，待液氮挥发后黏接。采用这种方法，实现了纳米线量子点单光子的光纤输出，饱和计数率达到 1000/s。

纳米线上单量子点是有别于传统面内外延单量子点的量子光源新材料体系。与分布布拉格反射镜微腔和光子晶体腔相比，纳米线制备简单，其空间分立性使量子点密度可控，其光场宽带模式分布使单量子点发光增强和定点输出，在未来量子光源研究中具有潜在优势。

3.2.9 光学超晶格和微纳结构光子芯片研究

南京大学祝世宁项目组首次提出基于微结构光学超晶格材料进行量子态的产生、调控和片上集成，研究了实现光量子信息处理的新理论、新材料和新技术，成功研制出国际上首个基于铌酸锂的可扩展光量子芯片[102]；从理论探索、材料设计、实验验证一直到器件研发，取得了原创性、系统性的研究成果。成果分为理论、实验和器件三个层面：建立了微结构超晶格中量子态相干调控的系统理论，基于此提出了光子态产生和调控的新方法，建立了量子行走和量子模拟的新模型；以实验研究了微结构超晶格中量子态制备、调控和功能集成，开拓了一个新的量子光学实验体系；研制了首个基于铌酸锂的可扩展光量子芯片，实现了单芯片上纠缠光子的高效产生、高速电光调制及相应信息处理功能，芯片多项核心指标处于国际先进水平。同时，在光量子芯片的工艺研发方面取得以下多项技术创新，推动了光量子器件走向工程化。

①创新性地将微结构超晶格引入量子光学研究领域，首次提出了微结构超晶格中量子相干调控的理论，提出了通过微结构设计来制备和调控量子态的新思想，并且进行实验验证，开创了一个独特的、有价值的量子光学实验体系。微结构超晶格中量子调控和功能集成是在光子态产生过程中引入的，这与传统的量子信息处理采取光子态产生后再通过线性光学元件进行调控的方法具有本质不同。前者属于内禀操控，具有很好的相干性、特有的主动性，而后者是一种被动的、容易退相干的操控方式，很多情形下，前者不能用后者等效构建。微结构超晶格中量子调控可以制备出传统双折射相位匹配条件下难以产生的量子态，还可以实现高集成度的量子信息处理，发展光量子态制备和信息处理的新原理与新技术。

②创新性地提出采用铌酸锂材料制备光量子芯片，成功研制了首个基于铌酸锂的电控可扩展光量子芯片。先前国际上光量子芯片多以硅基材料、

玻璃或者ⅢA~ⅤA族半导体材料为主，虽然取得很多研究进展，但是光量子芯片都只能实现线性操作，没能将量子光源也集成到同一个芯片上。该项目组创新性地提出将被誉为光学“硅”的铌酸锂作为光量子芯片的基质材料，解决了光量子芯片上的光源问题，同时也解决了芯片功能扩展的难题。同期，硅基芯片中也实现了量子光源的集成。这两项工作是有源量子芯片的开山之作，具有里程碑式意义。除了能集成量子光源，铌酸锂光量子芯片还克服了其他材料体系非线性弱、调控速率低、相位匹配困难、复杂功能集成等缺点，实现了多项全能。如果能继续在铌酸锂脊型波导加工方面取得突破，波导尺寸将大大缩减，这意味着铌酸锂将和硅基一样，有望实现规模化扩展，前景非常值得期待。

③对铌酸锂光量子芯片进行工艺研发和技术创新。铌酸锂光量子芯片的工艺要求和经典的铌酸锂波导调制器的工艺要求有很大不同，主要是构成光量子芯片的功能单元种类较多，集成度和稳定性要求高，所以有新的加工需求。该项目组对光量子芯片的关键技术进行攻关，自主研发了铌酸锂光量子芯片的加工工艺流程，攻克诸如低损耗波导、工艺兼容性、耦合、封装等多项技术难题，确定了工艺标准，在芯片上光子对产率、调谐性能和相位调制速度等方面达到世界领先水平。

该项目组建立了微结构超晶格中量子调控的理论架构，提出了通过微结构设计来制备光子态的思想，首次将准相位匹配原理和光学超晶格材料成功地从经典光学拓展到量子光学，开拓了一个全新的量子光学实验体系，引起材料体系功能研发的革命性变化，为光量子态制备和信息处理提供了新原理、新方法与新技术。微结构超晶格不但能提升光子态的基本品质，如产率、波长范围、纠缠度等，还能产生一般双折射晶体不能产生的新型光子态，如频率解关联和正关联的光子态、扩展相位匹配的多光子态、多模路径纠缠态、多自由度混杂的纠缠态等。这些将推动新型光量子信息技术如高亮度纠缠光源、无透镜量子“鬼”成像、量子通信中密集编码、新型光量子芯片等的发展。该理论和实验方法具有扩展性，很容易推广到光子晶体、表面等离激元、硅基材料等应用中。

在项目实施过程中，该项目组对光量子芯片中的关键技术进行了攻关，研制了一批新型的光量子芯片器件，取得了多项自主知识产权，掌握了光量子芯片研制的主动权，其中关键技术包括光量子芯片的加工、表征、测试、封装等，建立了完整的铌酸锂光量子芯片加工工艺流程：成功研发两类铌酸锂波导即钛扩散波导和质子交换波导的加工工艺；将波导加工工艺标准化，提高了重复性，降低了波导损耗；实现了钛扩散波导中的周期极化关键工艺的突破，使得芯片上光子对产率达到 5×10^{7}Hz/(nm·mW)，达到世界领先水平。

3.2.10 单光子灵敏检测、精密光谱测量及微纳结构中光子调控

单光子探测、精密光谱测量以及光子与微纳结构的相互作用研究是单量子态研究的有机组成部分，包含深刻而丰富的物理内容，并且在许多领域有着巨大的潜在应用价值。通过研究，取得了多项有特色和新意的研究结果，为光子数可分辨的高灵敏单光子探测、高精密光谱测量技术及基本物理常数测量、在单量子体系水平研究光子与微纳结构的相互作用和调控光子发射行为等方面有积极的推动作用。

复旦大学资剑项目组对单光子探测、精密光谱测量以及光子与微纳结构的相互作用等研究方向的科研仪器建设起到了非常重要的推动作用，如发展了高精密、高灵敏光腔衰荡光谱（CRDS）技术，为物理常数的精密测量奠定了非常重要和扎实的基础；建立了高灵敏的光谱探测技术，能够开展高灵敏的传感探测和光与微纳结构相互作用的高精度探测。

（1）基于间隙表面等离激元的高效单光子发射

该项目组通过结合间隙表面等离激元结构中超高的光子发射率与低损耗光纤有效提取，从理论上在金属纳米棒 - 纳米膜结构中提出了有效的单光子发射与一维纳米尺度的传导。发现总的光子发射加快和表面等离激元通道的光子衰减速率变快可以达到只有金属纳米膜时的几十倍。特别的，利用波矢匹配光纤将表面等离激元通道的单光子导出，在波导中单光子发射率可以达到真空中的 770 倍。这种新的机制将会对基于金属的光学腔、芯片上的超亮单光子源、芯片上的基于表面等离激元的纳米激光器等研究领域产生重要影响。通过将单量子发射体放入纳米金属棒与纳米金属膜之间的纳米量级的间隙中并与波矢匹配光纤结合，在理论上实现了有效的单光子发射和一维纳米尺度低损传导，朝着实现芯片单光子源迈出了重要的一步 [103]。

（2）亚波长共振单元的超大光学截面

光学共振单元可以使得光在亚波长尺度局域，对金属纳米颗粒、表面等离激元结构等构成共振单元，在可见光区域其光学截面尺寸差不多都在几百纳米。对单个光学共振单元，其最大的光学吸收截面为 $\lambda^2/4\pi$。为突破这个极限，该项目组提出将光学共振单元放在零折射率背景里，可以使光学截面超过极限值的 1000 倍。这个方案适用于任何光学共振单元，如金属等，甚至是石墨烯微纳结构。从耦合模式理论证明了耦合通道越少，吸收截面就越大。因此，背景折射率越是接近零，提供的耦合通道就越少。此外还设计了可行的实现方案 [104]。

（3）实现 100 通道单光子探测阵列

该项目组采用光学集成工艺和技术实现了 100 通道 Si APD 单光子探测阵列，稳定高精度的光纤耦合技术，将入射到微透镜阵列面上的光耦合进 100 根集束多模光纤，并且保持高耦合效率与各路耦合效率的一致性，减少了光学耦合集成系统中各路时间漂移，解决了通道间的窜扰问题，实现了 100 通道单光子探测器的研制。当 100 通道探测器平均每通道探测效率为 30% 时，100 通道平均暗计数为 160cps（counts per second），最小值为 12cps，后脉冲概率小于 1%。

（4）高速门脉冲模式 InGaAs APD 单光子探测技术

该项目组发展了减小单光子探测的时间抖动、降低方波偏置电压驱动时滤波平衡的波形畸变等关键技术，特别发展了尖峰噪声平衡模块和方波偏置下低畸变滤波模块、可靠稳定地实现 1GHz 时钟频率下尖峰噪声抑制和雪崩脉冲放大与甄别。当 1GHz 高速门模式单光子探测器探测效率为 10% 时，后脉冲概率仅为 3%，暗计数率为 6.1×10^{-6}/gate，最高工作重复频率达到 2GHz；当探测效率为 10% 时，后脉冲概率仅为 5%。

（5）基于分子光谱方法的玻尔兹曼常数测定

玻尔兹曼常数 k_B 是最基本的物理常数之一，精确测定后的玻尔兹曼常数，将被用来重新定义温度单位开尔文（K）。该项目组通过测量分子振转跃迁的多普勒展宽来测定 k_B，所选取的激光锁频的光腔衰荡光谱方法是自己发展的实验技术。目前已经搭建了相应的实验装置，初步的工作表明，该方法可实现对谱线跃迁线形的精密测定，对线宽测量的统计不确定度已经好于 6ppm，在已报道的相关测量结果中达到最好水平，进一步的工作表明该方法完全有望达到 ppm 精度水平 [105]。

3.2.11 量子点操控的单光子探测和圆偏振单光子发射

半导体量子点为研究固态环境的光子 - 电子复合量子行为提供了人工微观体系，并形成了单光子探测和单光子发射两个方向上的技术机遇：一是通过量子点为枢纽的量子态构造形成单光子探测效应的量子放大结构，进而不断推进单光子探测能力；二是通过量子点激子态与光学腔模的耦合调控实现单光子发射。中国科学院上海技术物理研究所李天信和陈平平项目组与复旦大学陈张海团队合作，通过量子点 - 量子阱、量子点 - 微腔复合结构的构造，分别利用耦合电子态隧穿和微腔 - 激子自旋内秉特征的调控，实现了光子探测的有效温度、光子数识别能力上的突破和光子自旋态（圆偏振）的选择性发射。一方面，将固体中人工电子态的研究从单一维度的电子态构造推进到复合维度的电子态构造、调制；另一方面，实现腔量子电动力学中电子（激子）态自旋本征特征的调控。这些拓展性研究的效果主要体现在人们期待的光子探测和发射原型技术的实质性提升上。

（1）零维 - 二维复合电子能态的设计和精细调控

该项目组提出了零维 - 二维半导体耦合量子结构，使得量子点光子探测的能力突破极低温和光子数识别的原理性局限。

量子点共振隧穿（quantum dot resonant tunneling diode，QD-RTD）机制被认为是综合性能最优的光子探测方案，但一直受制于极低的工作温度（4.2K），不能进行光子数识别，不能适应多数应用，尤其是空天技术应用的要求。该项目组原创性地设计了量子点（零维）- 量子阱（二维）能态耦合结构（quantum dot coupled resonant tunneling diode，QD-cRTD），制备了量子放大光子探测原型器件，将光子水平探测的工作温度由 4.2K 提高至 77K，使光电量子放大的增益达到 10^7 以上。在此基础上，通过对 QD-RTD 隧穿状态的调制，实现了双光子识别能力；并引入量子点能级吸收机制，实现了近红外光子响应。

量子阱中电子波函数与量子点电子波函数发生交叠［见图 3.11（a）］，使量子点中的电荷变化可以通过量子效应影响共振隧穿电流，进一步提升器件的非线性放大系数[106]。这一耦合结构获得的单光子信号幅度已经数倍于文献所报道的数据，并且得益于单光子信号幅度的提升，成功地将器件工作温度从 4.2K 提升到 77K，仍然显示出较好的光子数分辨能力。工作温度的极大提升（以及光子数分辨能力的具备）使器件向实际的量子信息科学应用迈进了一大步。在极弱入射光照下（平均入射光子数 <<1），经过量子点共振隧穿二极管的电流随着时间的变化如图 3.11（b）所示。可以非常清晰地看到，在不同时刻存在三个相同高度的电流信号跳变，均对应单个光子的吸收被探测器所感知。

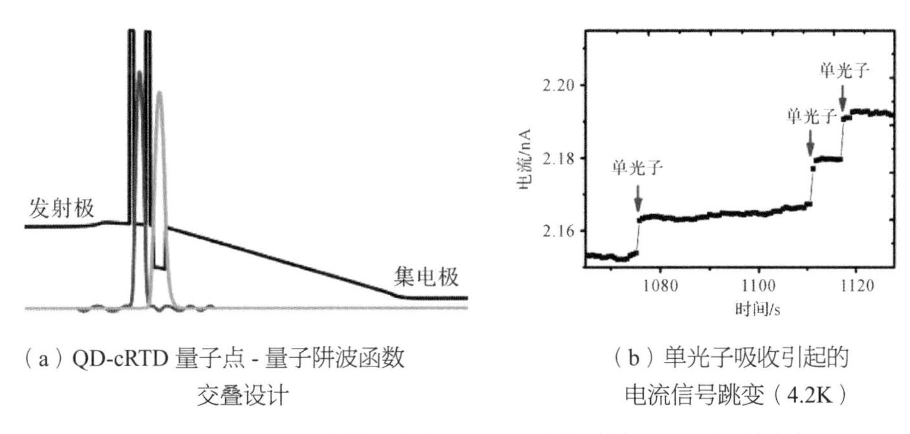

（a）QD-cRTD 量子点 - 量子阱波函数交叠设计

（b）单光子吸收引起的电流信号跳变（4.2K）

图 3.11　量子点 - 量子阱波函数交叠和量子点共振隧穿二极管电流变化

首次演示了 QD-cRTD 单光子探测器的光子数识别能力，观测到清晰的量子化电流信号跳变［见图 3.12（a）］。其中，5pA 和 10pA 分别对应单光子和双光子吸收引起的量子化电流信号跳变。不同温度下 QD-cRTD 的光子数分辨能力统计实验表明（见表 3.1），QD-cRTD 器件可以非常清晰地分辨出 0、1、2 个光子信号［见图 3.12（b）］，从而使 QD-cRTD 跻身为数不多的具有光子数分辨能力的单光子探测器[107]。

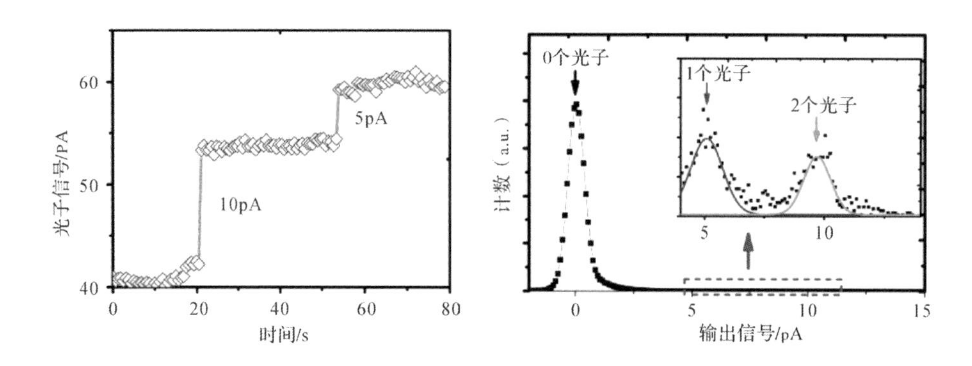

（a）单 / 双光子吸收引起的量子化电流信号跳变（b）光子数分辨的统计测试结果

图 3.12　QD-cRTD 单光子探测器观测结果

表 3.1　不同温度下 QD-cRTD 的光子数分辨能力

温度	光子数	决策区域	正确率
4.2K	0	$I_{step}\leq 4.0\text{pA}$	~100%
	1	$4.0\text{pA}<I_{step}\leq 4.0\text{pA}$	90%
	2	$7.5\text{pA}<I_{step}\leq 14.0\text{pA}$	98%
77K	0	无台阶特征	~100%
	1	$2.8\text{pA}<I_{step}\leq 8.89\text{pA}$	89%
	2	$8.89\text{pA}<I_{step}\leq 21.0\text{pA}$	85%

（2）量子点圆偏振单光子发射和 35K 温区光子源原型机

结合多年积累的实验经验，该项目组通过不断优化自组织量子点生长工艺，自主生长出了更高品质的 InGaAs 量子点样品，量子点密度低至 $10^8/cm^2$。此时自组织量子点的原子力显微镜（atomic force microscope，AFM）形貌如图 3.13（a）所示。样品在低温度下展现了十分优异的发光特性［见图 3.13（b）］，10K 温度下的发光中心波长为 950.05nm。通过光谱可以看到，在中心波长 ±2nm 的范围内，只有一个发光点信息，这有力地表明了所生长量子点的密度极低。

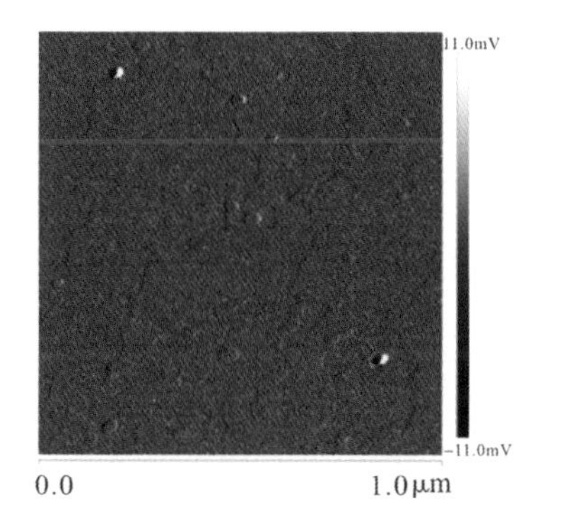

（a）密度低至 $10^8/cm^2$ 的极稀自组织量子点的 AFM 形貌

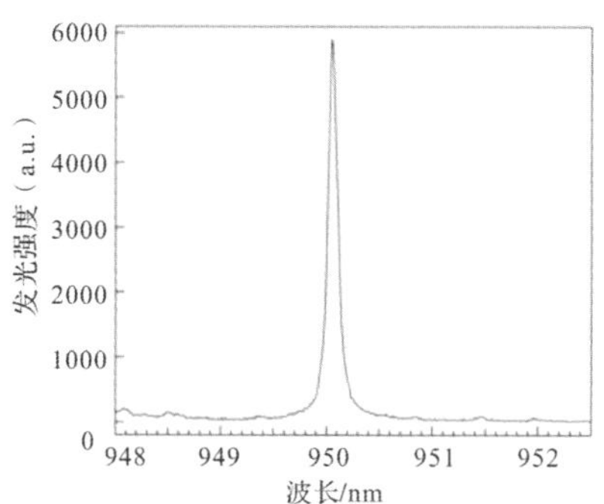

（b）10K 温度下单量子点样品的荧光光谱

图 3.13　量子点样品在极稀密度下的 AFM 形貌和低温度下的荧光光谱

该项目组结合这种低密度量子点生长工艺，在量子点上下分别生长了包含多周期 GaAs/AlAs 对的分布布拉格反射（distributed Bragg reflection，DBR）结构，进一步生长出了高品质因子的量子点 - 微腔单光子发射样品。当 DBR 中包含的 GaAs/AlAs 对超过 25 对时，横截面的扫描电子显微镜（scanning electron microscope，SEM）形貌如图 3.14（a）所示，其总的反射率已经高达 99.9% 以上［见图 3.14（b）］，光学品质因子大于 15000。经过多次尝试，目前已经摸索出了较好的微腔 - 量子点样品生长参数，为圆偏振单光子源的制备奠定了稳固的基础。

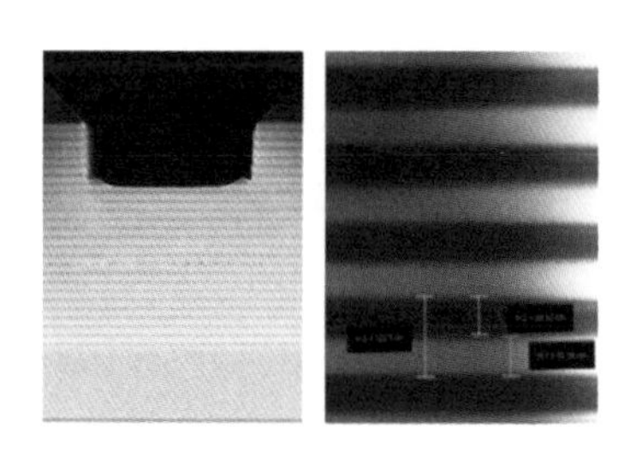

（a）DBR 结构的横截面 SEM 形貌

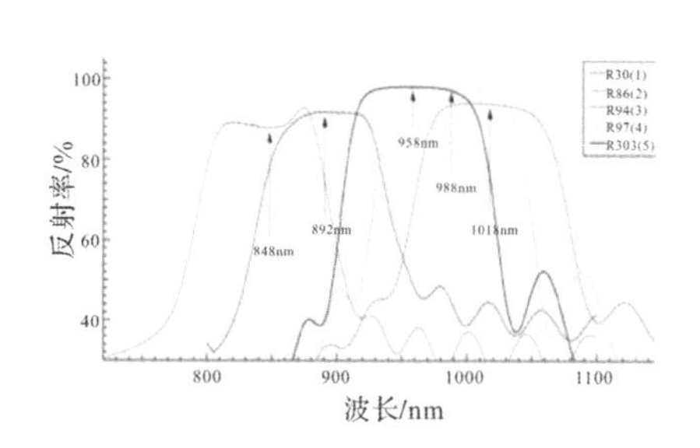

（b）DBR 结构的衰减带反射光谱

图 3.14　DBR 结构的横截面 SEM 形貌和衰减带反射光谱

该项目组依托复旦大学微纳加工和器件实验平台，利用先进电子束曝光、聚焦离子束刻蚀和感应耦合等离子刻蚀等设备，在前期积累的工艺经验基础上，摸索出了高效、大规模制备深度大于 7.5μm 微柱样品的加工工艺（见图 3.15），这在推动量子点 - 微腔单光子系统的器件化应用中迈出了重要的一步。

图 3.15　微腔的 SEM 实物图和大规模刻蚀出的量子点 - 微柱微腔样品 SEM 图

在获得的高质量量子点 - 微柱微腔样品上，该项目组通过改变磁场调控激子与腔模的耦合，在珀塞尔效应（Purcell effect）的作用下增强激子自旋态的自发辐射速率，从而增强量子点中左旋或右旋圆偏振光的发射强度，圆偏度达到 90% 以上（见图 3.16）[108]。

为了将 InGaAs 自组织量子点的优异单光子发光性能从实验室演示阶段进一步推广到可实用阶段，该项目组利用此次生长的高质量样品结合 35K 温区的斯特林型脉管制冷机，设计了低振动紧凑型高发射速率的单光子发射原型机（见图 3.17）。该原型机的工作温度≤ 35K，功率为 0.5~0.8W，发射波长为 950nm，发射频率为 120MHz，震动优于 200nm，单次连续工作时间大于 50 小时，温度稳定性优于 0.2K。

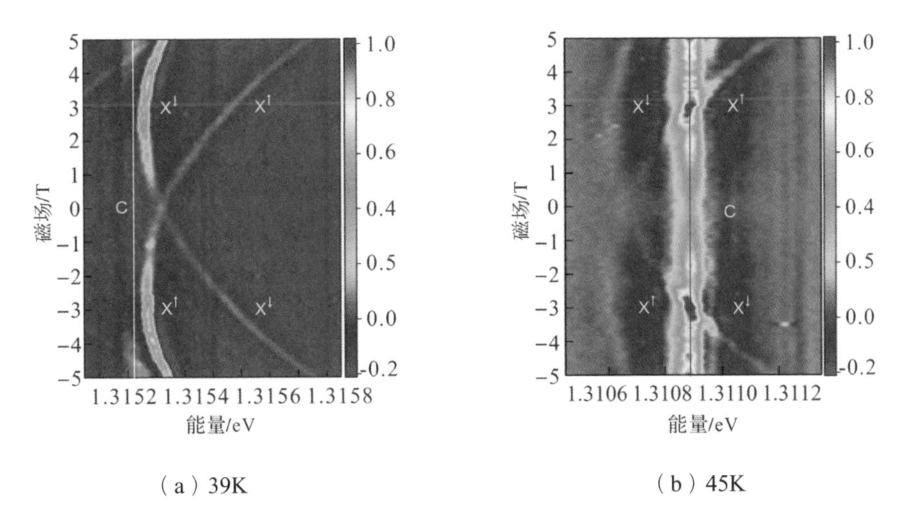

（a）39K （b）45K

图 3.16 39K 和 45K 温度下 0~5T 磁场变化的微腔单量子点光子发射谱

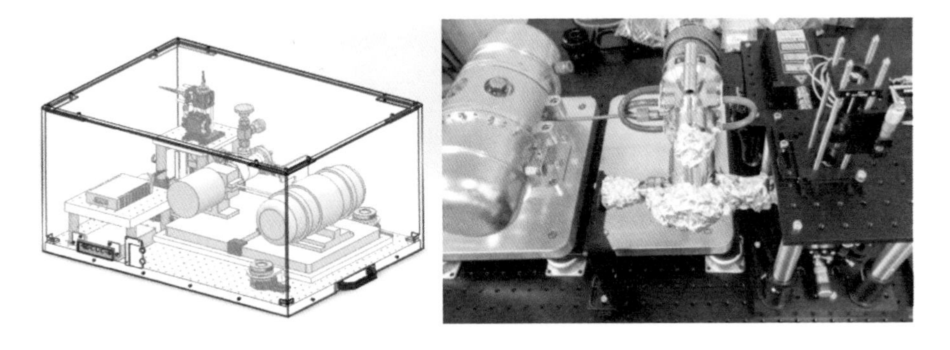

图 3.17 35K 温区的 120MHz 发射速率单光子发射原型机

3.3 单量子态体系的纯化与构筑

本重大研究计划的科学家团队制备了高质量的拓扑绝缘与超导效应共存的薄膜以及其他呈现单量子态特征的结构和材料，发现了拓扑绝缘体在高压下的超导态，理论预言了新的二元三维拓扑绝缘体，通过磁性分子合成了低维近藤晶格。

3.3.1 里德伯原子系综单量子态的形成机理和性质

作为量子物理世界中一种极为奇特的现象，量子纠缠因其在量子计算、量子精密测量以及基础物理研究等方面的核心价值受到了物理学家们的广泛关注。多粒子纠缠态的制备与操控一直是物理学家们孜孜不倦的奋斗目标。绝大多数量子技术的实现都要求纠缠态，然而随着体系粒子数的增多，外界环境的干扰通常导致更快的退相干，从而破坏了多粒子纠缠性质，使得大粒子纠缠态的制备和操控十分困难。清华大学尤力项目组利用量子相变制备双数态的研究不仅填补了国内在大原子数纠缠态制备领域的空白，使得国内的相关研究从空白跃变为领跑，还突破了国外同行长期以来遵循的研究范式，为确定性制备多粒子纠缠态提供了一条崭新的思路。凝聚体中多粒子纠缠态的制备一方面为包括量子纠缠、量子非局域性、与量子测量在内的基础物理研究创造了新的平台，另一方面对量子精密测量具有巨大的潜在应用价值。

高里德伯态原子具有较大的诱导电偶极矩，里德伯原子（Rydberg atom）间存在较强的偶极相互作用，这一特性在量子计算和量子信息处理方面具有重要应用前景。但是，由于原子量子亏损的存在，除氢原子外的所有原子在低态的诱导电偶极矩都是随外电场而变化的，这就导致非氢原子在外电场中的能级呈抗交叉结构。诱导的电偶极矩不但大小随外电场而变化，方向也随外电场而不停翻转，使得偶极原子的量子态操控变得困难。该项目组采用动力学的方法实现了固定方向偶极单量子态里德伯原子的制备与探测，为室温下偶极阻塞效应的发现奠定了基础，也为偶极阻塞效应开劈新领域夯实了基础。

（1）旋量玻色 - 爱因斯坦凝聚体的制备与纠缠甄别

双数态是对在两个（单粒子）模式上具有相等（全同玻色）粒子数的多粒子量子态的简称。其内秉的多体纠缠可以用来实现接近海森伯极限（Heisenberg limit，$1/N$）的测量精度，远远好于相同数目的非纠缠粒子的经典极限测量精度（$1/N^{1/2}$）[109]。通过调控相互作用，该项目组在 ^{87}Rb 原子的玻色 - 爱因斯坦凝聚体（BEC）中诱导量子相变，确定性制备了双数态 BEC。^{87}Rb 原子的超精细自旋基态为 1（F=1），两个磁矩为 0（F=1，m_F=0）的原子可以发生自旋交换碰撞，产生磁矩相反的（F=1，m_F=-1 和 F=1，m_F=+1）的纠缠原子对。磁矩为 0 的 BEC 可以演化为 m_F=-1 的原子数恒等于 m_F=+1 的双数态 BEC。

该项目组搭建的实验平台能在每 40 秒内确定性制备一个约含有 10000 个原子的双数态。从非纠缠的初态（F=1，m_F=0）到双数态的转化效率高达 96%±2%，双数态的量子噪声比非纠缠的经典态压缩了 13.3dB，具有近乎完美的量子相干性（达到了理想值的 99%），至少含有 910 个原子的纠缠。

这项工作在国际上首次展示了量子相变可以作为制备多体量子纠缠态的有效手段，所制备的双数态的转化率、压缩系数、相干性、纠缠深度等指标都处于国际领先水平。

（2）里德伯原子偶极量子态的动力学调控与检测

该项目组实现了从时间、空间两个方面对里德伯原子偶极量子态的相互作用以及动力学性质进行高分辨、高灵敏的探测与调控。实验采用动力学的方法实现固定方向偶极单量子态里德伯原子的制备与探测，在理论上建立了多能级系统相互作用的态演化量子力学方法，从而提供一个清晰的里德伯原子量子态动力学演化物理图像。在纯电场中，针对高里德伯态原子具有大电偶极矩的性质，设计了里德伯原子与外场相互作用的多级原子量子态分离器。在前期对纯电场里德伯原子偶极矩性质研究的基础上，探讨了钠原子在抗交叉点附近偶极矩符号翻转。偶极矩符号翻转制约了大电偶极矩原子的应用。但是，该项目组在实验中引入与电场垂直的磁场后，发现所形成的交叉场会对抗交叉有显著的弱化作用，使得原子能从一个偶极状态隧穿到具有同样偶极极性的量子态，为调控原子的偶极极性提供了新的方法，也为朗道隧穿提供了一个实验上更为容易实现的方案。因此，利用交叉场实现原子的对称破缺，从而使里德伯原子在变化的外场中仍能保持固定符号的偶极特征[110]。

该项目组搭建了一套先进的飞行时间质谱仪，结合成像技术与激光光谱技术，以实验探索了常温条件下碱金属原子在外场下的光谱及动力学性质。同时，结合交叉外场构形下的特有能谱结构，初步获得了束缚态原子具有定向大电偶极矩的证据，并使里德伯原子在变化的外场中仍能保持固定符号的偶极特征。利用大电偶极原子与外场相互作用会直接影响原子在梯度电场中的运动状态的特性。该项目组发展了高分辨高灵敏量子态检测技术，结合高里德伯态原子的性质来调控偶极矩的演化以及与外场相互作用导致的加减速、偏转的现象。

3.3.2 振动激发态分子的动力学研究

中国科学院大连化学物理研究所张东辉项目组大力发展分子束中分子单量子态的制备技术，特别是在氢分子振动激发态制备技术上获得了重大突破，使在交叉分子束中研究氢分子振动激发态动力学成为可能。在理论方面，极大发展了含时波包法以及基于神经网络的多原子反应体系势能面构造方法。通过理论与实验的紧密结合，该项目组在反应共振态、四原子态-态量子动力学以及分子-表面解离动力学等研究方面取得了重要成果。

分子体系振动激发态的高效制备是研究激发态分子的相互作用的基

础。对于氢气这种没有极性的分子，之前只能通过受激拉曼激发制备其振动激发态。由于传统染料激光器线宽和分子束吸收线宽不匹配，其激发效率很低，后续的相互作用研究往往很难开展。该项目组自行研制了单纵模光参量振荡器，最终可输出与分子束吸收线宽完美匹配的激光，并进一步通过锁频技术使两束激光的光子能量差与分子激发能级完美重合，最终获得了高受激拉曼激发效率，使在交叉分子束中研究振动激发氢分子反应动力学成为可能。利用这个激光技术，还首次在实验上发展了斯塔克诱导的绝热拉曼激发方法，在高聚焦情况下实现了对 D_2 分子的饱和激发，为在小空间范围内高效激发氢分子提供了技术途径。

从原则上讲，分子振动激发对分子碰撞和化学反应的影响可以通过在精确势能面上求解核运动的薛定谔方程而得到可靠研究。但是，无论是精确势能面构造还是量子动力学计算，它们的计算量都随原子个数的增加而迅速增加，因此分子反应体系高精度势能面的高效构造和多原子体系量子动力学研究一直是分子体系研究领域的极具挑战性难题。2013 年，该项目组在利用神经网络（neutral network，NN）构造势能面方面取得了很大进展 [111-112]。虽然，NN 方法自 1995 年以来在这个领域一直有所应用，但对反应体系的拟合精度一直不是很理想。该项目组发展和利用了一系列有效的方法，大大提高了拟合精度，为精确的量子动力学研究奠定了基础。

自 1976 年量子动力学研究首次计算得到了最简单三原子 $H+H_2$ 反应的态 - 态微分截面以来，把精确的态 - 态量子动力学研究扩展到四原子体系一直没有取得进展。2011 年，该项目组发展并完善了一套有效的四原子态 - 态量子动力学理论与计算方法，使全维态 - 态量子动力学理论计算成为可能。首次得到了 $HD+OH \rightarrow H_2O+D$ 反应全维量子散射微分截面——四原子反应体系的第一个全维精确的微分截面，并首次与高分辨交叉分子束实验结果在定量水平上高度吻合 [28]。这被誉为“反应动力学发展的一个里程碑”，并为在理论上精确研究振动激发态分子反应奠定了基础。利用这个理论，该项目组对振动激发态水与氢原子的反应进行了研究，首次从理论上证实了早先由实验动力学家提出的水分子振动局域模图像，加深了对分子振动模式选择化学的理解。

该项目组还把精确的量子动力学扩展到三原子分子在金属表面的散射动力学以研究振动激发对水在金属表面解离吸附的影响。H_2O 在镍催化剂表面吸附解离成为 OH 与 H 吸附原子是蒸汽重整和水煤气转化过程中的一个重要基元反应。该项目组发展了全维（9 维）的 H_2O 在金属表面解离全维量子动力学方法，并完成了 H_2O 在 Cu（111）表面解离动力学的计算，从而首次实现了对一个三原子分子在固体表面量子散射的全维研究，代表着分子 - 表面量子散射动力学研究的一个重要进展。研究发现，H_2O 的振动激发，无论是伸缩振动还是弯曲振动，都能显著增加解离概率[113]。

以上实验方法和理论方法的发展为研究者在单量子态水平上研究反应共振态提供了坚实的基础。反应共振态是化学反应体系在过渡态区域形成的具有一定寿命的准束缚量子态。由于它提供了一个让实验直接观察化学反应在过渡态附近行为的契机，因而几十年来一直是反应动力学研究一个备受关注的重要课题。2010 年，该项目组基于自己构建的高精度势能面上的量子动力学，计算预测了 F+HD 反应中的三个费希巴赫共振（Feshbach resonance）态分波（即共振转动态）能在后向散射方向造成振荡结构。基于这一预测，该项目组通过对 F 原子束和 HD 分子束同时进行低温冷却处理，得到具有极高能量分辨率、量子态分辨的微分反应散射截面随碰撞能的变化关系。实验结果证实了理论所预测的振荡结构的存在，从而首次确认了化学反应共振态的转动量子结构[114]。英国剑桥大学 Althorpe 教授发表了评述文章[115]，详细介绍了这一工作及其学术意义。

2013 年，该项目组利用受激拉曼激发在分子束中高效制备振动激发态 H_2/HD 分子技术对 F+HD（v=1）反应进行交叉分子束研究，发现了在后向散射信号随碰撞能的变化曲线上存在振荡现象。该项目组自己构造的高精度势能面的理论研究清楚地表明，正是两个由 HD 振动激发所引起的共振态，造成了实验观察到的振荡现象。同时发现分子振动激发能开启新的反应通道，使研究者能观察到基态反应无法观察到的现象 [116]。2015 年，该项目组又利用该技术研究了 Cl+HD（v=1）→ DCl+H 反应 [117]。实验发现了在后向散射的 DCl 产物信号随碰撞能的变化曲线上存在着明显的振荡现象。该项目组基于自己构造的高精度势能面的量子理论研究，确认了该振荡现象源自反应共振态，从而首次在 $F+H_2$ 体系以外的三原子反应中发现了共振态。理论分析表明，新发现的共振态正是物理化学家们长期寻找的、由过渡态区域化学键软化所引起的共振态，此类化学键软化现象在振动激发态反应中广泛存在，因此这类共振态并非稀有，而是具有相当的普遍性，这极大地提高了研究者对反应共振态的认识。

在实验上，该项目组首次利用受激拉曼激发高效率地制备振动激发态氢分子，实现了在交叉分子束中对振动激发态氢分子的反应动力学研究，推动了反应动力学实验研究的发展；在理论上，发展了基于神经网络拟合的高效势能面构造方法，把精确的态 - 态量子动力学方法从三原子反应体系拓展到四原子反应，并扩展到分子 - 表面散射以及多原子反应散射中，极大地推动了反应动力学理论研究的发展。基于这些实验和理论方法的发展，该项目组通过实验与理论的密切配合，在反应动力学研究方面，特别是反应共振态研究方面，取得了一系列重要成果，使我国在该领域处于国际领先水平，并受到广泛的国际关注 [118-119]。

3.3.3 复合量子结构中的拓扑量子态与电子纠缠研究

复合量子结构中的拓扑量子态与电子纠缠研究是集合了拓扑纳米材料生长、纳米加工制备、微弱信号测量和物理分析等领域的一个跨学科项目，关键是掌握将半导体纳米线、拓扑绝缘体材料与超导以及常规金属材料结合制成复合量子器件的纳米加工技术、工艺和能力，掌握在极端条件下（极低温和强磁场）高灵敏度电学和高频电学信号探测的测量方法以及不同量子态之间的调控方法。

北京大学徐洪起项目组发展和完善了基于量子点的固态量子器件研制所需的材料生长工艺、微纳加工制备技术及微弱信号测量技术，部分研究结果在国际上处于领先水平。同时，创建了一个国内领先、国际上初有影响的半导体纳米结构与量子器件研究团队，具备参与国际最前沿和最具挑战性之一的固态拓扑量子计算领域竞争的能力。

（1）构筑并测量了 InAs 纳米线多量子点耦合自旋量子比特器件

准一维径向的强量子限制效应，使得在轴向施加适当限制即可构建量子点器件，尤其重要的是，纳米线的单晶纯相特性保证了在其任意一段都可以定义性质均一的量子点，使得 InAs 纳米线成为电子电荷和自旋为基础的固态量子信息处理器件的良好载体。

该项目组采用微纳器件加工技术，结合指栅技术，率先在国际上研制出基于分子束外延技术生长的ⅢA~ⅤA族纳米线的耦合多量子点，建立了自旋单态与三态泡利自旋阻塞态，成功构筑了用于量子信息处理的纳米线多量子点耦合自旋量子比特器件，成功实现了 InAs 纳米线的定向转移和量子点器件制备。通过调控各个指栅，可以构筑大小不同的单量子点，实现显著的零维限制能级以及人造“原子”的功能，在低温环境下可以很好地调控电子自旋自由度。外侧指栅的调控，可以使得量子点与电极形成强耦合或弱耦合，可以使研究者观察到近藤效应（Kondo effect）和伴随隧穿效应等典型的可控量子点输运特性。

进一步在单根 InAs 纳米线上实现相邻电子隧穿串联耦合的三个单量子点，即三原子人造“分子”，成功构筑了 InAs 纳米线三量子点耦合自旋量子比特器件。该项目组以实验证实了被中间量子点隔开的两端量子点之间依然存在共隧穿联系在一起的耦合作用，单电子所携带的单自旋能够绝热地在远端两个量子点之间交换。这是基于超级交换相互作用的量子比特器件的重要技术，也是实现长距离相干自旋量子隐形传态的重要一步。

具有高度可调控性的半导体耦合三量子点的相干输运性质和远端量子点间的研究成果，展示了该线性三量子点体系可以作为通用器件平台，研究远端量子点间自旋依赖的虚态辅助相干隧穿过程，进而构筑具有长相干时间的全电学调控自旋量子比特器件[120-121]。

（2）纳米线超导复合器件的量子输运研究

目前国际上基于 InSb 纳米线的超导复合器件大多采用金属有机物汽相外延（metal organic vapour phase epitaxy，MOVPE）方法生长的样品。与 MOVPE 方法相比，分子束外延（molecular beam epitaxy，MBE）生长系统由于其超高真空的生长环境，能有效避免外来杂质对样品的干扰，从而得到高质量的纳米线。该项目组通过研制和优化 InSb 纳米线和超导电极的接触，改善结构和制备工艺，在国际上率先在基于 MBE 生长的 InSb 纳米线上成功制备出高品质的约瑟夫森器件（Josephson device），在国际上首次实现了基于 InSb 纳米线弹道工作区内对超导电流的有效调制。基于 MBE 生长纳米线的超导约瑟夫森器件的首次实现使该项目组在新型纳米线复合量子器件上取得了巨大突破，为进一步探索半导体纳米线在量子计算、纳米线超导复合器件等方面提供了研究平台。

该项目组进一步在超导材料与量子点结合的复合量子器件中，首次观察到大范围的随栅压连续可调的、0 相与 π 相交替出现的安德列也夫束缚态，对这些束缚态的温度演化进行了系统研究，并对束缚态之间准粒子热激发模型予以合理解释。还观察到在同一近藤区域共存的 0 相与 π 相，通过对束缚态温度与磁场的谱演化细致研究，进一步对其 0/π 特征的量子相变特性进行了验证[122-123]。

（3）基于二维材料的量子点结构的量子比特器件研究

该项目组先后攻克了石墨烯全电控单双量子点的制备、石墨烯量子比特的设计构造等一系列难关，研发了具有自主知识产权的新型超导微波谐振腔，并最终实现了超导微波腔与石墨烯量子比特的复合量子比特结构。在该石墨烯与超导复合结构上采用微波探测技术，在国际上首次测定石墨烯量子点比特的相位相干时间，进一步发现石墨烯量子相干时间和其量子点中载流子的数目有独特的四重周期特性，为实验探索和验证石墨烯自旋和能谷自由度四重简并带来的基本物理提供了新方法和新机理。同时，实验测试表明，该新型超导量子数据总线与石墨烯量子比特的耦合强度达到30MHz，在未来大规模集成的量子芯片架构中将具有重要意义。

在深入研究了单个量子比特和超导腔的耦合机理的基础上，该项目组把目光瞄向了量子比特长程耦合这一难题，并首次在国际上成功实现了两个石墨烯量子比特的长程耦合，测量到了相距60μm（量子点自身大小的200倍）的两个量子比特之间的量子关联，引起了国际同行的广泛关注，被认为对将来实现远距离量子点比特之间的量子纠缠以及最终实现集成化的量子芯片均具有重大意义[95-96]。

该项目组进一步通过对衬底工程、加工工艺等方面的积极探索，首次在国际上实现了基于层状二维材料全电可控的双量子点结构。这种结构既消除了二氧化硅表面的电荷缺陷对电输运性质的影响，也解决了材料界面晶格失配产生的应力造成的破坏问题，还避免了材料在大气环境下长时间暴露带来的水氧吸附等问题。在之前的国际进展中，基于层状二维材料的量子点器件的最大瓶颈在于器件的可控性差。通过衬底改进和工艺优化，该项目组成功获得了优异的欧姆接触，制备出的新型器件具有优异的可控性。通过定性观察和半定量分析，该器件可以通过中间电极电压的调制，使得双量子点从弱耦合区域单调地向强耦合区域转变，为之后的结构设计和优化取得了丰富的第一手资料[124]。

3.3.4 复杂氧化物中量子态的纳米制造

以复杂氧化物为代表的强关联电子体系，由于表现出高温超导、庞磁阻、多铁等多种具有重要应用前景的物性，是凝聚态物理和材料领域研究的主流方向之一。复杂氧化物由于电子的强关联相互作用，其自旋、电荷、轨道等自由度会形成不同的量子态。即便是复杂氧化物的单晶体系，这些量子态在空间的分布也常常是不均匀的，即存在着本征的电子相分离行为。近年来大量的实验和理论研究结果都支持基态是两相甚至多相共存的不均匀态，在体系中形成了具有特征尺度的电子畴，特征尺度可以从纳米量级到微米量级变化。电子相分离的存在及其空间分布，对体系的宏观物性及物性可调控性有重大的影响。如果能够在多量子态共存且随机分布的复杂氧化物体系中主动控制电子相分离的形成过程以及空间排列，构造出可控量子态的空间有序排布，不但能够深入理解电子强关联作用的本质，而且能设计出新的呈展现象（emergent phenomena），帮助合成具有特定物理、化学性质的人工材料，并开发以这些复杂氧化物为基础的新型微、纳电子器件。

复旦大学沈健项目组利用 $(LaCaMnO_3)_x$ / $(PrCaMnO_3)_y$ 两元超晶格的方法，实现了庞磁阻复杂锰氧化物的 Pr 元素化学有序掺杂。实验发现，其电子相分离尺度比传统化学无序掺杂的 $LaPrCaMnO_3$ 薄膜小了一个数量级，首次实现了锰氧化物电子相分离尺度的人工调控，也证明了 A 位的局域弱无序是造成大尺度电子相分离的原因之一。在后期工作中，进一步利用 $(LaMnO_3)_x$ / $(CaMnO_3)_y$ / $(PrMnO_3)_z$ 三元超晶格的方法实现了所有 A 位元素的化学有序掺杂。实验发现，电子相分离完全消失，系统进入反铁磁绝缘体的单相态，这进一步证明了局域弱无序是大尺度电子相分离的必要条件。该项目组首次在实验上确认了电子相分离的机制，具有重大的科学意义。此外，通过对电子相分离尺度的调控，具备了对基于电子相分离特性的新型自旋电子器件的工作参数进行调控的能力 [125]。

该项目组首次在锰氧化物纳米带中发现了由于对称性破缺而产生的铁磁 - 金属边缘态。该边缘态具有很强的尺度效应，且其随着纳米带宽度的逐渐减小而逐渐增强，对材料宏观物性的影响越来越大。边缘态的存在能够极大地改善材料的宏观物性，操纵边缘态的空间分布，因此将为其物性可调控性提供一个全新的途径。该项目组通过微纳加工，在薄膜样品中引入密度、尺度可调的纳米孔阵列，发现每个孔的边缘确实形成了环状的铁磁 - 金属边缘态。通过这种方法，不仅将体系的相变温度提高了 110K，还实现了人工调控量子态的空间有序排布。此外，该项目组还通过制备不同尺寸的锰氧化物纳米圆盘，在相分离的临界尺寸之下的纳米圆盘中实现了纯粹的铁磁单相态。这些工作表明，空间尺度效应及其诱导的对称性破缺是实现复杂氧化物超敏量子调控的一条有力途径。

在前期工作中，该项目组还发现电子畴可以通过侧栅电极进行电压调控，随着栅极电压 1 和 2 的开、关组合，锰氧化物纳米线的电阻能够形成三个平台。这是由于在外电场的作用下，一些非常小的离散的电子畴可以克服库伦排斥作用，被驱使到一起，形成大的电子畴，进而形成导电沟道，使得电阻下降。外场撤掉以后，电阻值完全恢复到原来状态。由于是电场栅控，漏电流在皮安量级，因此能耗极小。电子相分离的电压调控的实现，为基于电子相分离材料的特性制备新型自旋电子器件扫清了最后一个障碍。

该项目组从理论和实验上研究了复杂氧化物中电子相分离的机制，厘清了电子相分离尺度与化学掺杂无序度之间的关系，并在此基础上通过局域磁场、局域电场、应力等多场调控技术，实现了庞磁阻锰氧化物电子态的形状、尺度、密度和位置的调控，获得了无化学分界的新型电子界面。因此可以在同一材料中，利用外场控制实现不同的自旋序，从而在同一材料中实现自旋逻辑、自旋存储功能，解决了传统自旋电子器件中材料不同造成的界面失配使得自旋注入效率不高的问题。该项目组下一步的目标是在同一量子材料中实现非挥发性自旋存储与逻辑运算的集成，从而建立新型的非冯·诺依曼自旋信息处理架构，为发展具有自主知识产权的自旋电子器件奠定坚实的科学和技术基础。

该项目组围绕关联电子材料的超敏量子调控，从空间受限和维度受限两个不同的角度入手，研究关联电子材料的新物性，将对关联电子材料在小尺度下的新物性的基础研究与以关联电子材料为基础的原型多功能电子器件的制备有机结合，不仅在国际上开辟出一个新的研究领域——关联电子材料自旋电子学，同时也为我国在新型微、纳电子器件的研制方面奠定了实质性的基础。

3.3.5 维材料中尺寸、界面及压力效应下宏观量子态的探测与相互作用研究

中国科学院物理研究所邱祥冈项目组从样品制备、微加工和精密测量、物理理解方面开展了系统性工作，取得了一系列创新性成果。

①在材料生长方面，通过修饰异质外延界面的方法，首次实现了逐个原子单层厚度Pb单晶薄膜的制备。对于外延于Si(111)衬底上Pb单晶薄膜，由于体系中量子阱态及热稳定性的影响，Pb薄膜的高度表现出幻数选择性，这对该体系厚度依赖的二维超导电性的研究造成了一定限制。该项目组利用Pb的SIC相来修饰Pb/Si界面，实现Pb薄膜逐个原子单层的生长。

②在样品的微加工工艺发展方面，发展了以负胶法制备纳米尺度超导纳米线网络的微加工工艺。以前制备的介观尺度超导孔阵列结构都是采用的正胶法，但是这种方法难以制备大面积的线宽均匀纳米尺度超导线网络。该项目组通过大量摸索、对比，发展了一种利用负胶法刻蚀超导纳米线网络的微加工工艺，在60μm见方的尺寸上实现了线宽为50nm的三角形超导线网络。此外还发展了湿法刻蚀表面具有平整表面的Si基片。现在得到超导薄膜的微加工图形的办法是先生长大面积的完整薄膜，然后利用电子

束曝光或聚焦离子束刻蚀加工出各种图案。这种方法对于薄膜厚度较厚的样品来说比较适合，但对于极薄的原子层厚的薄膜来说则不很实用，因为样品在加工过程中很容易被损坏。另外一种方法就是先在生长薄膜的基片上做好微加工图形，然后在其上生长薄膜。该项目组采用湿法刻蚀工艺，利用 Si 的各向异性刻蚀特性，制备得到了具有各种深宽比的各个腐蚀面很平整的纳米结构。通过以上工艺，可以在有微结构的 Si 基片上生长各种原子层厚的金属和超导薄膜，用以开展与介观超导相关的研究[126]。

③在仪器建设方面，购置了美国 Quantum Design 公司的综合物性测量系统（Physical Property Measurement System，PPMS）设备。该设备的磁场加场精度为 0.3Oe，不能满足实验要求。为此，该项目组对 PPMS 的磁体电源以及控制程序进行了改造，目前加场精度已经可以达到 0.002Oe，使测量数据的精度有了很大提高。此外，还利用 PPMS 的外接设备接口，添置了交流电桥以及锁相放大器，使得测试精度达到 nV 量级。

有了以上基础，该项目组在低维材料中尺寸、界面及压力效应下宏观量子态的探测与相互作用研究得以顺利进行，取得了多项成果。

①利用宏观输运及局域的 STM/STS（扫描隧道谱法，scanning tunneling spectroscopy）相结合的方法研究了 Pb 薄膜的超导性质随厚度逐层增加的变化行为。实验发现，厚度低于 10ML（atomic monolayers）超导 Pb 薄膜，其超导转变温度 T_φ 与薄膜厚度呈线性依赖关系，并且 T_φ 小于 STS 测量的超导能隙形成时所对应的温度 T_Δ；4~9ML 的 Pb 薄膜电阻拟合及 *V-I* 特性的测量表明，其超导相变为二维 BKT 相变（Berezinskii-Kosterlitz-Thoules phase transition）；对于 10ML 及以上的 Pb 薄膜，T_φ 基本不随厚度变化并且与 STS 测量值基本重合，这说明薄膜中的超导转变为平均场转变。随着 Pb 薄膜厚度逐个原子单层的增加，该项目组观察到了超导相变由二维 BKT 相变向平均场相变的过渡行为，完善了 Pb 薄膜随厚度变化的超导相图。

②通过构造 FeSe 单晶薄膜 / 钛酸锶的异质结构，利用原位 STS 和非原位输运测量，先后观测到界面增强高温超导特性。同时，角分辨光电子能谱和扫描隧道显微镜的研究表明，界面电荷转移和界面增强电 - 声耦合作用是导致界面增强超导的关键因素。

③具有周期性孔阵列的超导体中的约瑟夫森干涉效应。在具有周期性矩形孔阵列的超导薄膜的低场区观察到了约瑟夫森量子干涉效应，证实了前期工作中对低场下磁阻随磁场的周期性振荡来源于约瑟夫森量子干涉的结论。利用 Frenkel-Kontorowa 理论对一维的约瑟夫森结阵列的量子干涉现象进行了理论计算，推算出在能量极小的情况下，磁通都分布在孔阵列的圆孔中。在磁通数为圆孔数的 1/3 时，为隔两个孔在第三个孔中填上 1 个磁通，而不是在每个孔中均匀填上 1/3 个磁通；在磁通数为圆孔数的 1/2 时，为隔一个孔在第二个孔中填上 1 个磁通，以此类推。

④具有介观尺度周期性孔阵列的超导体中高场下的表面超导电性。通过在超导转变温度附近测量电阻随磁场的变化，发现在具有各向异性结构的样品中磁阻随温度的变化关系可以分成三个区间，磁阻随磁场变化的关系在第一个区域（低场）和第三个区域（高场）表现出可逆行为，即升场测量结果和降场测量结果一致。但磁阻振荡周期在第三个区域与在第一个区域不同。计算表明，第三个区域振荡周期是由单个孔的有效孔径决定的，而第一个区域的振荡周期则是由束缚在孔中间的磁通数决定的。这是由于在高场下，孔之间的超导薄膜区域的超导电性被磁场破坏，而仅在孔边缘由于其较大的上临界场而表现出表面超导电性。在此状态下，磁阻随磁场的变化非常类似于 Little-Park 效应。这为研究表面超导电性提供了有效手段。

该项目组的研究成果极大地推动了相关领域的发展，制备出来的薄膜被多数合作的研究团队用于相关研究，发展出来的微加工工艺为未来的工作打下了坚实的基础。

第4章 展 望

4.1 国内存在的不足和战略需求

单量子态及其应用是当前基础科学的最前沿，新的量子态的发现、调控和应用构成了当前量子计算、量子信息、量子探测等关系国计民生与国家安全的高新量子技术的科研基础。最近欧美等发达国家（地区）对量子霸权的阐释和投入，标志着全球进入量子竞争时代。我国在量子科学、凝聚态物理和原子分子光学方面的科研积累与人才储备，使得集合科研力量在未来 5~10 年做出重要突破的时机已经成熟。因此，我国高科技创新的宏观布局，迫切需要聚焦在新奇量子体系及应用这一优先领域上来。

量子调控领域经过我国凝聚态物理学家几十年的积累，已发展形成一支具有良好科研基础、雄厚实力以及较强国际竞争力的科研队伍，同时也是各高校和科研单位的重点研究方向。而且，该领域是与应用结合较为紧密且最有条件承担和完成国家战略需求与任务的方向之一。以 2013 年我国科学家首次在实验中发现的量子反常霍尔效应为例，其一维拓扑边界态电子无耗散的输运行为如果能实现应用，有可能会大大推动新一代信息产业的进程，成为“信息高速公路”。量子霍尔效应家族的整数量子霍尔效应、分数量子霍尔效应和对量子反常霍尔效应的理论预言工作分别荣获了 1985

年、1998 年和 2016 年的诺贝尔物理学奖。量子霍尔效应相关成果如图 4.1 所示。虽然量子反常霍尔效应的发现具有重大的科学意义，但真正要走向应用或进一步扩大科学研究的成果，需要我国在此方向持续投入。下一步突破主要来自于提高体系适用的温度，以满足实际应用的需求。

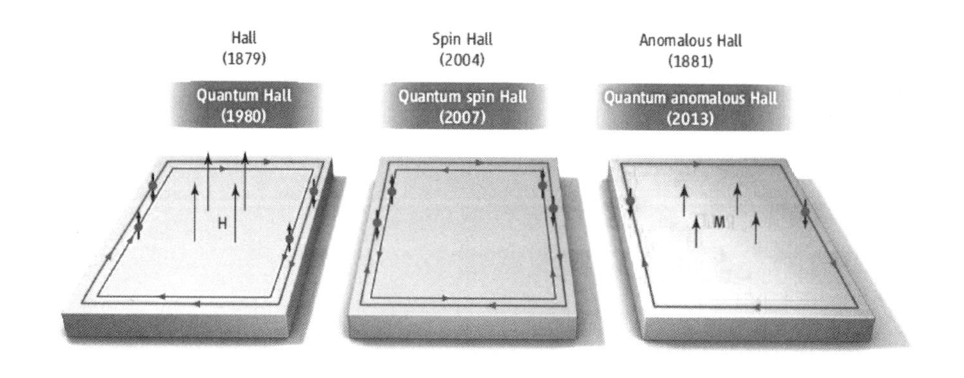

图 4.1　量子霍尔效应相关成果

尽管我国在新奇量子体系中已经积累了强大的研究队伍，在部分方向也取得了国际引领性的成果，但同时也存在着以下亟待解决的问题。

我国在材料制备上人员众多，但原创成果不多、高手不多。究其原因主要在于大部分科研人员追求热点，而在高质量材料本身方面（比如高质量超导单晶、二维单晶材料等）下功夫不够。在高质量材料研究方面，把质量和技术做到极致看似科学意义不大，也比较难发文章，却是科学和技术突破的一种主要实现途径，因此急需建立稳定的支持政策，持续支持科研人员投入极大的精力与时间，以补齐我国在这类问题上的短板。以高质量高稳定性的 p 型氧化锌为例，这种材料因极难实现且难以发表高影响因子的文章而使科研人员望而却步，但如果能研制成功，它将会引发整个半导体领域的变革，促进光电领域、能源领域的变革。像这类极具挑战性的关键量子功能材料的质量瓶颈是我国目前的主要问题之一。

我国科研体制的机制设计、评价体系等尚不利于专心潜心研发实验技术。新的实验装置和技术的研发是另一个促进科学突破的重要途径，但从事实验装置开发的工程技术人员由于其本身工作性质，在现行的国内评价体系中待遇得不到保障，不利于工作持续开展。如何在机制设计上鼓励科研人员深挖技术、敢于坐“冷板凳”，是接下来必须要解决的关键问题。

我国科研人员起步晚、进展快，同时也面临着积累不够的问题。许多国际顶尖实验室取得科学突破建立在其在相关领域有着几十年深厚的技术、知识等积淀的基础之上。比如日本的 p 型氮化镓的成功研制，依赖于日本半导体工业的深厚技术积累，日本 Iwasa 教授在实现液态栅极技术发明前，已在此方向深耕了数十年。荷兰代尔夫特理工大学的 Kouwenhoven 团队能在 2012 年实验中第一个发现马约拉纳费米子的可能信号 [24]，进而于 2018 年观察到量子化的电导 [127]，主要原因也是 Kouwenhoven 本人自本科时代起就从事该方向的研究。他于 1988 年在量子点接触中观察到量子化的电导平台工作就是他本科期间参与完成的 [128]。

因此建议我国在以后的规划和部署中，把握好短期攻关和长期部署的辩证关系，在机制上设计不同类型的研究计划项目，在评价和评估上也要相应地给予合理的制度保障。

4.2 深入研究的设想和建议

4.2.1 深入研究的设想

在高质量关键功能材料的可控制备和体系构筑方面，需要重点资助高质量单晶与薄膜制备和生长项目，主要包括环温或室温超导体，或者 77K 可应用的超导体。在超导和拓扑量子计算体系中，探索比铝更优越的材料，或者性能大幅提升的更好的铝膜（譬如用分子束外延方法制备高质量二维晶体），或者面积更大的单晶量子材料（石墨烯或者高温超导）等。

在科学问题导向的实验技术革新与理论方法突破方面，以高温超导研究为例，测量实验手段应更加灵敏、更加精准、更加系统、更加极端。要重视联合测量手段和原位测量技术，比如研发可直接探测电子相互作用的实验装置，在理论上寻找新的计算方法和提出新的原理性想法等。对于马约拉纳系统，测量实验手段需要极低温条件、复杂微纳米级的样品以及器件的制备和加工手段。应鼓励尝试高难度的实验，鼓励发展新的实验手段，鼓励多手段的联合与合作。应加强资助应用大科学装置的研究，加强资助独特设备的研制，加强资助目标导向的团队项目。例如，角分辨光电子能谱对强光源的重大需求已不能满足我国科研迅速发展的需要，而新一代（第四代）同步辐射光源的研发可解决物理、生物、能源等领域一系列重大科学和应用问题，是中国光源取得长足发展、全面赶超世界先进水平的重大机遇。

基于以上分析，现归纳出单量子态及其应用领域在未来 5~10 年的几个重点研究方向。

①量子计算。目前被看好的有可能成为量子计算的物理体系包括超导、拓扑、NV 中心、冷原子、离子阱等，但最终选择哪一个或哪几个目前尚未有定论。量子计算仍然处于基础研究阶段，有许多物理上的基础问题（如材料物性和量子算法）需要解决与克服。制约量子计算的最主要问题是如何延长量子比特的退相干时间，以及在提高量子比特数的同时如何保证每个比特的保真度（fidelity）。超导量子比特过去 20 年的发展（见图 4.2）大大降低了电噪声导致的退相干，下一个突破可以考虑如何降低磁噪声。目前尚不清楚哪种方案会最终胜出，但鉴于量子计算的巨大潜在应用价值——对未来信息技术的走向有可能有决定性作用，建议我国可以多方案并行部署并重点支持，鼓励探讨具有原创性的方案，走出具有中国特色的量子计算之路，以规避未来可能出现的知识产权问题。

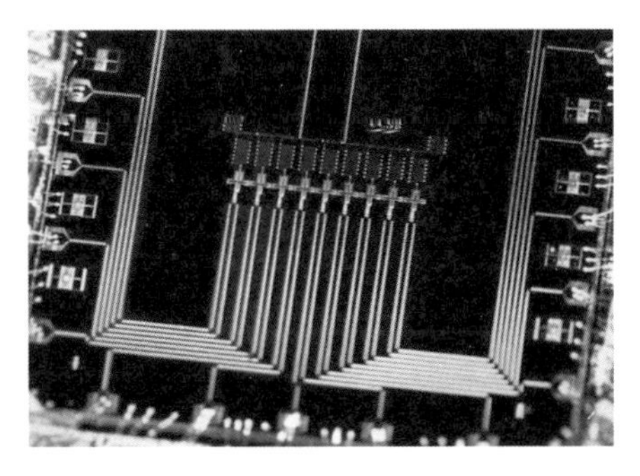

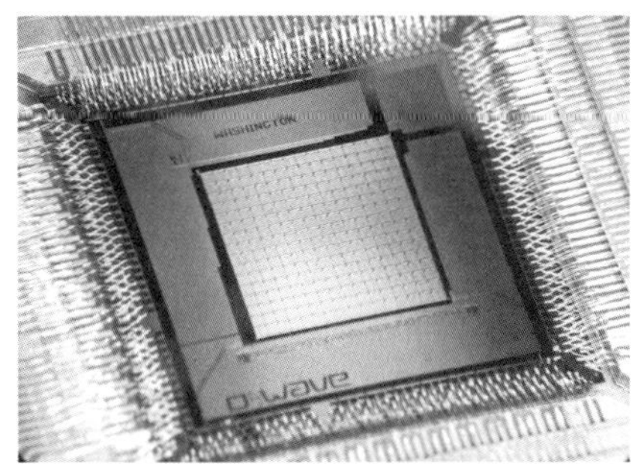

②低维超导和磁性中量子态的多手段调控及在未来信息技术中的应用探索。单晶二维超导体中量子相变与量子相以及界面调控高温超导与拓扑超导等新奇超导特性的研究已经成为国际最前沿的科学问题之一，我国在部分领域处于国际领先地位。此外，已知的高温超导体都是层状结构，属于典型的二维体系。因此二维单晶超导体的研究也有望成为设计新的界面高温超导体以及最终解决高温超导机理问题的契机。近年来，单原胞层二维材料中磁性的发现[26, 129-130]引起了国际学术界的广泛关注，有望成为新的科学突破，并在未来信息和能源领域产生重要的应用，因此应被列为未来重点支持的方向。

③拓扑超导和马约拉纳的确定性实验判据。拓扑超导因其理论上优越的拓扑性质可以从根本上解决量子计算中核心的退相干问题和量子比特的保真度问题，使得量子比特规模化扩展成量子计算机成为可能。而其非阿贝尔统计则是凝聚态物理学家努力追寻的新奇的量子现象。目前探索马约拉纳费米子以及拓扑量子计算的实验体系如图 4.3 所示。

4.2.2　下一步工作建议

基于单量子态研究的特点和对新奇量子体系及其应用研究领域当前的现状分析和未来展望，提出如下建议。

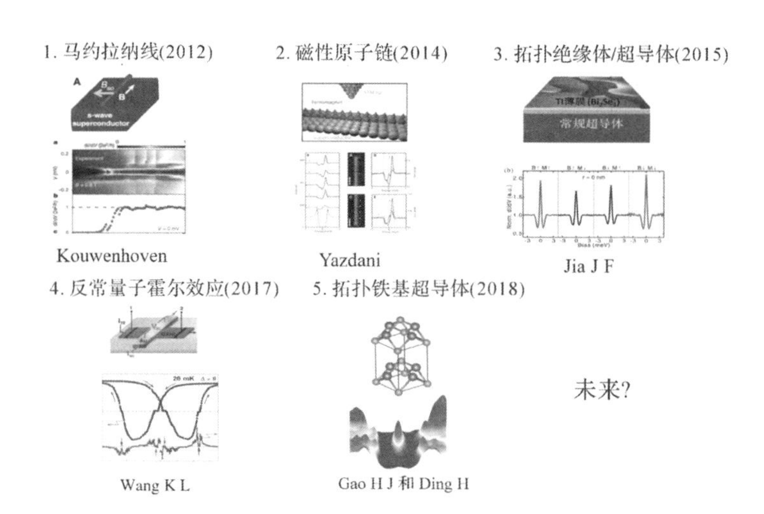

图 4.3　目前探索马约拉纳费米子以及拓扑量子计算的实验体系

①长期重点支持实验技术和理论方法的发展，设立专项和激励机制，设立以技术指标和计算分析能力指标为主要目标的考核机制，倾力引导实验技术和理论方法方面的研究，在以后的部署和实施中牢牢树立和贯彻“工欲善其事，必先利其器”的观念。

②长期重点支持高质量量子材料的制备和相关技术与设备的研发。设立专项，专门支持若干以应用为目标的关键量子材料的研发项目，通过挑战性科学研究，从根本上提高量子材料的制备和构筑水平，解决若干卡脖子的材料问题。在项目部署和实施中牢牢树立与贯彻“谁掌握了材料谁就掌握了研究的主动权”的观念。

③针对相对明确的重大科学问题和应用问题，设立若干重要或重大专项，从政策和资金安排上做长期保障，建立不唯论文数量、不唯影响因子、不唯热点的评价体制。

④通过机制体制创新，建立科学研究和人才培养共融的机制。比如通过项目的执行和评估情况，建立优先推荐各种人才计划的通道。

参考文献

[1] Liu Z, Ding S Y, Chen Z B, et al. Revealing the molecular structure of single-molecule junctions in different conductance states by fishing-mode tip-enhanced Raman spectroscopy[J]. Nature Communications, 2011, 2: 305.

[2] Zhang J, Chen P C, Yuan B K, et al. Real-space identification of intermolecular bonding with atomic force microscopy[J]. Science, 2013, 342(6158): 611-614.

[3] Liu L, Yang K, Jiang Y, et al. Reversible single spin control of individual magnetic molecule by hydrogen atom adsorption[J]. Scientific Reports, 2013, 3: 1210.

[4] Guo J, Meng X Z, Chen J, et al. Real-space imaging of interfacial water with submolecular resolution[J]. Nature Materials, 2014, 13: 184-189.

[5] Guo J, Lü J T, Feng Y X, et al. Nuclear quantum effects of hydrogen bonds probed by tip-enhanced inelastic electron tunneling[J]. Science, 2016, 352(6283): 321-325.

[6] Liu L W, Yang K, Jiang Y H, et al. Revealing the atomic site-dependent g factor within a single magnetic molecule via the extended Kondo effect[J]. Physical Review Letters, 2015, 114: 126601.

[7] Xu C, Yang W, Guo Q, et al. Molecular hydrogen formation from photocatalysis of methanol on TiO_2(110)[J]. Journal of the American Chemical Society, 2013, 135(28): 10206-10209.

[8] Xu C, Yang W, Guo Q, et al. Molecular hydrogen formation from photocatalysis of methanol on anatase-TiO_2(101)[J]. Journal of the American Chemical Society, 2014, 136(2): 602-605.

[9] Wang Z, Wen B, Hao Q, et al. Localized excitation of Ti^{3+} ions in the photoabsorption and photocatalytic activity of reduced rutile TiO_2[J]. Journal of the American Chemical Society, 2015, 137(28): 9146-9152.

[10] Shi F Z, Zhang Q, Wang P F, et al. Single-protein spin resonance spectroscopy under ambient conditions[J]. Science, 2015, 347(6226): 1135-1138.

[11] Shi F Z, Kong X, Wang P F, et al. Sensing and atomic-scale structure analysis of single

nuclear spin clusters in diamond[J]. Nature Physics, 2014, 10: 21-25.
[12] Staudacher T, Shi F, Pezzagna S, et al. Nuclear magnetic resonance spectroscopy on a $(5\text{-nanometer})^3$ sample volume[J]. Science, 2013, 339(6119): 561-563.
[13] Müller C, Kong X, Cai J M, et al. Nuclear magnetic resonance spectroscopy with single spin sensitivity[J]. Nature Communications, 2014, 5: 4703.
[14] Kolkowitz S, Jayich A C B, Unterreithmeier Q P, et al. Coherent sensing of a mechanical resonator with a single-spin qubit[J]. Science, 2012, 335(6076): 1603-1606.
[15] Le Sage D, Arai K, Glenn D R, et al. Optical magnetic imaging of living cells[J]. Nature, 2013, 496: 486-489.
[16] Bednorz J G, Müller K A. Possible high TC superconductivity in the Ba-La-Cu-O system[J]. Zeitschrift für Physik B Condensed Matter, 1986, 64(2): 189-193.
[17] Damascelli A, Hussain Z, Shen Z X. Angle-resolved photoemission studies of the cuprate superconductors[J]. Reviews of Modern Physics, 2003, 75(2): 473-541.
[18] Novoselov K S, Geim A K, Morozov S V, et al. Two-dimensional gas of massless Dirac fermions in graphene[J]. Nature, 2005, 438: 197-200.
[19] Jung T A, Schlittler R R, Gimzewski J K, et al. Controlled room-temperature positioning of individual molecules: Molecular flexure and motion[J]. Science, 1996, 271(5246): 181-184.
[20] Wortmann D, Heinze S, Kurz P, et al. Resolving complex atomic-scale spin structures by spin-polarized scanning tunneling microscopy[J]. Physical Review Letters, 2001, 86(18): 4132-4135.
[21] Anderson M H, Ensher J R, Matthews M R, et al. Observation of Bose-Einstein condensation in a dilute atomic vapor[J]. Science, 1995, 269(5221): 198-201.
[22] Kennedy D. 125[J]. Science, 2005, 309(5731): 19.
[23] Steane A. Quantum computing[J]. Reports on Progress in Physics, 1998, 61: 117-173.
[24] Mourik V, Zuo K, Frolov S M, et al. Signatures of Majorana fermions in hybrid superconductor-semiconductor nanowire devices[J]. Science, 2012, 336(6084): 1003-1007.
[25] Chen X H, Wu T, Wu G, et al. Superconductivity at 43K in $SmFeAsO_{1-x}F_x$[J]. Nature, 2008, 453: 761-762.
[26] Wang Q Y, Li Z, Zhang W H, et al. Interface-induced high-temperature superconductivity in single unit-cell FeSe films on $SrTiO_3$[J]. Chinese Physics Letters, 2012, 29(3): 037402.
[27] Jiang S, Zhang Y, Zhang R, et al. Distinguishing adjacent molecules on a surface using plasmon-enhanced Raman scattering[J]. Nature Nanotechnology, 2015, 10: 865-869.
[28] Xiao C L, Xu X, Liu S, et al. Experimental and theoretical differential cross sections for a four-atom reaction: $HD + OH \rightarrow H_2O + D$[J]. Science, 2011, 333(6041): 440-442.
[29] Chang C Z, Zhang J S, Feng X, et al. Experimental observation of the quantum anomalous Hall effect in a magnetic topological insulator[J]. Science, 2013, 340(6129): 167-170.
[30] Zhang Y, Yang L X, Xu M, et al. Nodeless superconducting gap in $A_xFe_2Se_2$ (A=K,Cs)

revealed by angle-resolved photoemission spectroscopy[J]. Nature Materials, 2011, 10: 273-277.
[31] Mazin I. Iron superconductivity weathers another storm[J]. Physics, 2011, 4: 26.
[32] Dagotto E. Colloquium: The unexpected properties of alkali metal iron selenide superconductors[J]. Reviews of Modern Physics, 2013, 85(2): 849-867.
[33] Chen F, Xu M, Ge Q Q, et al. Electronic identification of the parental phases and mesoscopic phase separation of $K_xFe_{2-y}Se_2$ superconductors[J]. Physical Review X, 2011, 1(2): 021020.
[34] Ye Z R, Zhang Y, Chen F, et al. Extraordinary doping effects on quasiparticle scattering and bandwidth in iron-based superconductors[J]. Physical Review X, 2014, 4(3): 031041.
[35] Niu X H, Chen S D, Jiang J, et al. A unifying phase diagram with correlation-driven superconductor-to-insulator transition for the 122* series of iron chalcogenides[J]. Physical Review B, 2016, 93: 054516.
[36] Fan Q, Zhang W H, Liu X, et al. Plain s-wave superconductivity in single-layer FeSe on $SrTiO_3$ probed by scanning tunneling microscopy[J]. Natural Physics, 2015, 11: 946-952.
[37] Mazin I I. The FeSe riddle[J]. Nature Materials, 2015, 14: 755-756.
[38] Wen C H P, Xu H C, Chen C, et al. Anomalous correlation effects and unique phase diagram of electron-doped FeSe revealed by photoemission spectroscopy[J]. Nature Communications, 2016, 7: 10840.
[39] Ren M Q, Yan Y J, Niu X H, et al. Superconductivity across Lifshitz transition and anomalous insulating state in surface K-dosed $(Li_{0.8}Fe_{0.2}OH)FeSe$[J]. Science Advances, 2017, 3(7): e1603238.
[40] Tan S Y, Zhang Y, Xia M, et al. Interface-induced superconductivity and strain-dependent spin density waves in FeSe/$SrTiO_3$ thin films[J]. Nature Materials, 2013, 12: 634-640.
[41] Xu H C, Niu X H, Xu D F, et al. Highly anisotropic and twofold symmetric superconducting gap in nematically ordered $FeSe_{0.93}S_{0.07}$[J]. Physical Review Letter, 2016, 117: 157003.
[42] Peng R, Xu H C, Tan S Y, et al. Tuning the band structure and superconductivity in single-layer FeSe by interface engineering[J]. Nature Communications, 2014, 5: 5044.
[43] Peng R, Shen X P, Xie X, et al. Measurement of an enhanced superconducting phase and a pronounced anisotropy of the energy gap of a strained FeSe single layer in FeSe/Nb: $SrTiO_3$/$KTaO_3$ heterostructures using photoemission spectroscopy[J]. Physical Review Letters, 2014, 112: 107001.
[44] Zhang W H, Liu X, Wen C H P, et al. Effects of surface electron doping and substrate on the superconductivity of epitaxial FeSe films[J]. Nano Letters, 2016, 16(3): 1969-1973.
[45] Ma C X, Sun H F, Zhao Y L, et al. Evidence of van Hove singularities in ordered grain boundaries of graphene[J]. Physical Review Letters, 2014, 112: 226802.
[46] Du H J, Sun X, Liu X G, et al. Surface Landau levels and spin states in bismuth(111) ultrathin film[J]. Nature Communications, 2016, 7: 10814.

[47] Chen J, Guo J, Meng X Z, et al. An unconventional bilayer ice structure on a NaCl(001) film[J]. Nature Communications, 2014, 5: 4056.

[48] Chen J, Li X Z, Zhang Q F, et al. Quantum simulation of low-temperature metallic liquid hydrogen[J]. Nature Communications, 2013, 4: 2064.

[49] Meng X Z, Guo J, Peng J B, et al. Direct visualization of concerted proton tunneling in a water nanocluster[J]. Nature Physics, 2015, 11: 235-239.

[50] Yang F, Ding Y, Qu F M, et al. Proximity effect at superconducting Sn-Bi_2Se_3 interface[J]. Physical Review B, 2012, 85: 104508.

[51] Qu F M, Yang F, Shen J, et al. Strong Superconducting Proximity Effect in Pb-Bi_2Te_3 Hybrid Structures[J]. Scientific Reports, 2012, 2: 339.

[52] Lyu Z Z, Pang Y, Wang J H, et al. Protected gap closing in Josephson junctions constructed on Bi_2Te_3 surface[J]. Physical Review B, 2018, 9: 155403.

[53] Yang G, Lyu Z Z, Wang J H, et al. Protected gap closing in Josephson trijunctions constructed on Bi_2Te_3[J]. Physical Review B, 2019, 100: 180501.

[54] Diez M. On electronic signatures of topological superconductivity[D]. Leiden, the Netherlands: Leiden University.

[55] Nadj-Perge S, Drozdov I K, Li J, et al. Observation of Majorana fermions in ferromagnetic atomic chains on a superconductor[J]. Science, 2014, 346(6209): 602-607.

[56] Zhu Y Y, Bai M M, Zheng S Y, et al. Coulomb-dominated oscillations in Fabry-Perot quantum Hall interferometers[J]. Chinese Physical Letters, 2017, 34(6): 067301.

[57] Wang J H, Gong X X, Yang G, et al. Anomalous magnetic moments as evidence of chiral superconductivity in a Bi/Ni bilayer[J]. Physical Review B, 2017, 96: 054519.

[58] Liu W Y, Su F F, Xu H K, et al. Negative inductance SQUID qubit operating in a quantum regime[J]. Superconductor Science & Technology, 2018, 31(4): 045003.

[59] Zheng Y R, Song C, Chen M C, et al. Solving systems of linear equations with a superconducting quantum processor[J]. Physical Review Letters, 2017, 118: 210504.

[60] Song C, Xu K, Liu W X, et al. 10-qubit entanglement and parallel logic operations with a superconducting circuit[J]. Physical Review Letters, 2017, 119: 180511.

[61] Xu K, Chen J J, Zeng Y, et al. Emulating many-body localization with a superconducting quantum processor[J]. Physical Review Letters, 2018, 120: 050507.

[62] Xu H K, Song C, Liu W Y, et al. Coherent population transfer between uncoupled or weakly coupled states in ladder-type superconducting qutrits[J]. Nature Communications, 2016, 7: 11018.

[63] Peng Z H, Liu Y X, Peltonen J T, et al. Correlated emission lasing in harmonic oscillators coupled via a single three-level artificial atom[J]. Physical Review Letters, 2015, 115: 223603.

[64] Gu X, Huai S N, Nori F, et al. Polariton states in circuit QED for electromagnetically induced

transparency[J]. Physical Review A, 2016, 93: 063827.
[65] Long J L, Ku H S, Wu X, et al. Electromagnetically induced transparency in circuit quantum electrodynamics with nested polariton states[J]. Physical Review Letters, 2018, 120: 083602.
[66] Xie Z J, He S L, Chen C Y, et al. Orbital-selective spin texture and its manipulation in a topological insulator[J]. Nature Communications, 2014, 5: 3382.
[67] Chen C Y, Xie Z J, Feng Y, et al. Tunable dirac fermion dynamics in topological insulators[J]. Scientific Reports, 2013, 3: 2411.
[68] Yi H M, Wang Z J, Chen C Y, et al. Evidence of topological surface state in three-dimensional Dirac semimetal Cd_3As_2[J]. Scientific Reports, 2014, 4: 6106.
[69] Feng Y, Wang Z J, Chen C Y, et al. Strong anisotropy of Dirac cones in $SrMnBi_2$ and $CaMnBi_2$ revealed by angle-resolved photoemission spectroscopy[J]. Scientific Reports, 2014, 4: 5385.
[70] Lu D W, Xin T, Yu N K, et al. Tomography is necessary for universal entanglement detection with single-copy observables[J]. Physical Review Letters, 2016, 116: 230501.
[71] Feng G R, Xu G F, Long G L. Experimental realization of nonadiabatic holonomic quantum computation[J]. Physical Review Letters, 2013, 110: 190501.
[72] Lu D W, Li K R, Li J, et al. Enhancing quantum control by bootstrapping a quantum processor of 12 qubits[J]. NPJ Quantum Information, 2017, 3: 45.
[73] He X Y, Guan T, Wang X X, et al. Highly tunable electron transport in epitaxial topological insulator $(Bi_{1-x}Sb_x)_2Te_3$ thin films[J]. Applied Physics Letters, 2012, 101: 123111.
[74] Lin C J, He X Y, Liao J, et al. Parallel field magnetoresistance in topological insulator thin films[J]. Physical Review B, 2013, 88: 041307.
[75] Liao J, Ou Y B, Feng X, et al. Observation of Anderson localization in ultrathin films of three-dimensional topological insulators[J]. Physical Review Letters, 2015, 114: 216601.
[76] Liao J, Ou Y B, Liu H W, et al. Enhanced electron dephasing in three-dimensional topological insulators[J]. Nature Communications, 2017, 8: 16071.
[77] Yang W M, Yang S, Zhang Q H, et al. Proximity effect between a topological insulator and a magnetic insulator with large perpendicular anisotropy[J]. Applied Physics Letters, 2014, 105: 092411.
[78] Rui J, Jiang Y, Yang S J, et al. Operating spin echo in the quantum regime for an atomic-ensemble quantum memory[J]. Physical Review Letters, 2015, 115: 133002.
[79] Yang S J, Wang X J, Li J, et al. Highly retrievable spin-wave-photon entanglement source[J]. Physical Review Letters, 2015, 114: 210501.
[80] Yang S J, Wang X J, Bao X H, et al. An efficient quantum light-matter interface with sub-second lifetime[J]. Nature Photonics, 2016, 10: 381-384.
[81] Dai H N, Yang B, Reingruber A, et al. Generation and detection of atomic spin entanglement

in optical lattices[J]. Nature Physics, 2016, 12: 783-787.

[82] Tan X S, Zhang D W, Zhang Z T, et al. Demonstration of geometric Landau-Zener interferometry in a superconducting qubit[J]. Physical Review Letters, 2014, 112: 027001.

[83] Zhang Y, Luo Y, Zhang Y, et al. Visualizing coherent intermolecular dipole-dipole coupling in real space[J]. Nature, 2016, 531: 623-627.

[84] Zhang R, Zhang X B, Wang H F, et al. Distinguishing individual DNA bases in a network by non-resonant tip-enhanced Raman scattering[J]. Angewandte Chemie-International Edition, 2017, 56(20): 5561-5564.

[85] Jiang S, Zhang X B, Zhang Y, et al. Subnanometer-resolved chemical imaging via multivariate analysis of tip-enhanced Raman maps[J]. Light-Science & Applications, 2017, 6: e17098.

[86] Zhang L, Yu Y J, Chen L G, et al. Electrically driven single-photon emission from an isolated single molecule[J]. Nature Communications, 2017, 8: 580.

[87] Huang P, Kong X, Zhao N, et al. Observation of an anomalous decoherence effect in a quantum bath at room temperature[J]. Nature Communications, 2011, 2: 570.

[88] Reinhard F, Shi F Z, Zhao N, et al. Tuning a spin bath through the quantum-classical transition[J]. Physical Review Letters, 2012, 108: 200402.

[89] Xu X K, Wang Z X, Duan C K, et al. Coherence-protected quantum gate by continuous dynamical decoupling in diamond[J]. Physical Review Letters, 2012, 109: 070502.

[90] Rong X, Geng J P, Wang Z X, et al. Implementation of dynamically corrected gates on a single electron spin in diamond[J]. Physical Review Letters, 2014, 112: 050503.

[91] Zhou J W, Huang P, Zhang Q, et al. Observation of time-domain Rabi oscillations in the Landau-Zener regime with a single electronic spin[J]. Physical Review Letters, 2014, 112: 010503.

[92] Wang P F, Yuan Z H, Huang P, et al. High resolution vector microwave magnetometry based on solid-state spins in diamond[J]. Nature Communications, 2015, 6: 6631.

[93] Cao G, Li H O, Tu T, et al. Ultrafast universal quantum control of a quantum-dot charge qubit using Landau-Zener-Stückelberg interference[J]. Nature Communications, 2013, 4: 1401.

[94] Li H O, Cao G, Yu G D, et al. Conditional rotation of two strongly coupled semiconductor charge qubits[J]. Nature Communications, 2015, 6: 7681.

[95] Deng G W, Wei D, Johansson J R, et al. Charge number dependence of the dephasing rates of a graphene double quantum dot in a circuit QED architecture[J]. Physical Review Letters, 2015, 115: 126804.

[96] Deng G W, Wei D, Li S X, et al. Coupling two distant double quantum dots with a microwave resonator[J]. Nano Letters, 2015, 15(10): 6620-6625.

[97] Liang Y, Wu E, Chen X L, et al. Low-timing-jitter single-photon detection using 1-GHz sinusoidally gated InGaAs/InP avalanche photodiode[J]. IEEE Photonics Technology Letters, 2011, 23(13): 887-889.

[98] Huang K, Gu X R, Ren M, et al. Photon-number-resolving detection at 1.04 μm via coincidence frequency upconversion[J]. Optics Letters, 2011, 36(9): 1722-1724.

[99] Huang K, Gu X R, Pan H F, et al. Few-photon-level two-dimensional infrared imaging by coincidence frequency upconversion[J]. Applied Physics Letters, 2012, 100: 151102.

[100] Bai P, Zhang Y H, Shen W Z. Infrared single photon detector based on optical up-converter at 1550 nm[J]. Scientific Reports, 2017, 7: 15341.

[101] Zha G W, Shang X J, Su D, et al. Self-assembly of single "square" quantum rings in gold-free GaAs nanowires[J]. Nanoscale, 2014, 6: 3190-3196.

[102] Jin H, Liu F M, Xu P, et al. On-chip generation and manipulation of entangled photons based on reconfigurable lithium-niobate waveguide circuits[J]. Physical Review Letters, 2014, 113: 103601.

[103] Zhou M, Shi L, Zi J, et al. Extraordinarily large optical cross section for localized single nanoresonator[J]. Physical Review Letters, 2015, 115: 023903.

[104] Lian H, Gu Y, Ren J J, et al. Efficient single photon emission and collection based on excitation of gap surface plasmons[J]. Physical Review Letters, 2015, 114: 193002.

[105] Cheng C F, Wang J, Sun Y R, et al. Doppler broadening thermometry based on cavity ring-down spectroscopy[J]. Metrologia, 2015, 52(5): S385-S393.

[106] Weng Q C, An Z H, Xiong D Y, et al. Photocurrent spectrum study of a quantum dot single-photon detector based on resonant tunneling effect with near-infrared response[J]. Applied Physics Letters, 2014, 105: 031114.

[107] Weng Q C, An Z H, Zhang B, et al. Quantum dot single-photon switches of resonant tunneling current for discriminating-photon-number detection[J]. Scientific Reports, 2015, 5: 9389.

[108] Ren Q J, Lu J, Tan H H, et al. Spin-resolved Purcell effect in a quantum dot microcavity system[J]. Nano Letters, 2012, 12 (7): 3455-3459.

[109] Wu L N, You L. Using the ground state of an antiferromagnetic spin-1 atomic condensate for Heisenberg-limited metrology[J]. Physical Review A, 2016, 93: 033608.

[110] Zhang S S, Gao W, Cheng H, et al. Symmetry-breaking assisted Landau-Zener transitions in Rydberg atoms[J]. Physical Review Letters, 2018, 120: 063203.

[111] Chen J, Xu X, Zhang D H. A global potential energy surface for the $H_2 + OH \leftrightarrow H_2O + H$ reaction using neural networks[J]. Journal of Chemical Physics, 2013, 138(15): 154301.

[112] Chen J, Xu X, Zhang D H. Communication: An accurate global potential energy surface for the $OH + CO \rightarrow H + CO_2$ reaction using neural networks[J]. Journal of Chemical Physics, 2013, 138(22): 221104.

[113] Zhang Z J, Liu T H, Fu B N, et al. First-principles quantum dynamical theory for the dissociative chemisorption of H_2O on rigid Cu(111)[J]. Nature Communications, 2016, 7: 11953.

[114] Dong W R, Xiao C L, Wang T, et al. Transition-state spectroscopy of partial wave resonances

in the F + HD reaction[J]. Science, 2010, 327(5972): 1501-1502.

[115] Althorpe S C. Setting the trap for reactive resonances[J]. Science, 2010, 327(5972): 1460-1461.

[116] Wang T, Chen J, Yang T, et al. Dynamical resonances accessible only by reagent vibrational excitation in the F + HD → HF + D Reaction[J]. Science, 2013, 342(6165): 1499-1502.

[117] Yang T G, Chen J, Huang L, et al. Extremely short-lived reaction resonances in Cl + HD (v = 1) → DCl + H due to chemical bond softening[J]. Science, 2015, 347(6217): 60-63.

[118] Zhang D H, Guo H. Recent advances in quantum dynamics of bimolecular reactions[J]. Annual Review of Physical Chemistry, 2016, 67: 135-158.

[119] Fu B N, Shan X, Zhang D H, et al. Recent advances in quantum scattering calculations on polyatomic bimolecular reactions[J]. Chemical Society Reviews, 2017, 46(24): 7625-7649.

[120] Wang J Y, Huang S Y, Lei Z J, et al. Measurements of the spin-orbit interaction and Landé g factor in a pure-phase InAs nanowire double quantum dot in the Pauli spin-blockade regime[J]. Applied Physics Letters, 2016, 109: 053106.

[121] Wang J Y, Huang S Y, Huang G Y, et al. Coherent transport in a linear triple quantum dot made from a pure-phase InAs nanowire[J]. Nano Letters, 2017, 17(7): 4158-4164.

[122] Li S, Kang N, Fan D X, et al. Coherent charge transport in ballistic InSb nanowire Josephson junctions[J]. Scientific Reports, 2016, 6: 24822.

[123] Li S, Kang N, Caroff P, et al. 0-π phase transition in hybrid superconductor-InSb nanowire quantum dot devices[J]. Physical Review B, 2017, 95: 014515.

[124] Zhang Z Z, Song X X, Luo G, et al. Electrotunable artificial molecules based on van der Waals heterostructures[J]. Science Advances, 3(10): e1701699.

[125] Zhu Y Y, Du K, Niu J B, et al. Chemical ordering suppresses large-scale electronic phase separation in doped manganites[J]. Nature Communications, 2016, 7: 11260.

[126] Cheng F, Li B H, Han J, et al. Symmetry breaking induced anti-resonance in three dimensional sub-diffraction semiconducting grating[J]. Applied Physics Letters, 2013, 102: 151113.

[127] Zhang H, Liu C X, Gazibegovic S, et al. Quantized Majorana conductance [J]. Nature, 2018, 556: 74-79.

[128] van Wees B J, van Houten H, Beenakker C W J, et al. Quantized conductance of point contacts in a two-dimensional electron gas[J]. Physical Review Letters, 1988, 60(9): 848-850.

[129] Zhang W H, Sun Y, Zhang J S, et al. Direct observation of high-temperature superconductivity in one-unit-cell FeSe films[J]. Chinese Physics Letters, 2014, 31(1): 017401.

[130] Xing Y, Zhang H M, Fu H L, et al. Quantum Griffiths singularity of superconductor-metal transition in Ga thin films[J]. Science, 2015, 350(6260): 542-545.

成果附录

附录 1　重要论文目录

截至 2018 年 8 月，在本重大研究计划的资助下，在有影响的国际专业学术期刊上共计发表 SCI 论文 2300 余篇，其中 *Science* 19 篇，*Nature* 3 篇，*Nature* 子刊 66 篇，*PNAS* 12 篇，*Physical Review Letters* 99 篇，*Physical Review X* 15 篇，*Advanced Materials* 22 篇，*Journal of the American Chemical Society* 10 篇。

1. Chang C Z, Zhang J S, Feng X, et al. Experimental observation of the quantum anomalous Hall effect in a magnetic topological insulator[J]. Science, 2013, 340(6129): 167-170.
2. Yu R, Zhang W, Zhang H J, et al. Quantized anomalous Hall effect in magnetic topological insulators[J]. Science, 2010, 329(5987): 61-64.
3. Zhang R, Zhang Y, Dong Z C, et al. Chemical mapping of a single molecule by plasmon-enhanced Raman scattering[J]. Nature, 2013, 498: 82-86.
4. Fu Q, Li W X, Yao Y X, et al. Interface-confined ferrous centers for catalytic oxidation[J]. Science, 2010, 328(5982): 1141-1144.
5. Song C L, Wang Y L, Cheng P, et al. Direct observation of nodes and twofold symmetry in FeSe superconductor[J]. Science, 2011, 332(6036): 1410-1413.
6. Wang M X, Liu C H, Xu J P, et al. The coexistence of superconductivity and topological order in the Bi_2Se_3 thin films[J]. Science, 2012, 336(6077): 52-55.
7. Jia C C, Migliore A, Xin N, et al. Covalently bonded single-molecule junctions with stable and reversible photoswitched conductivity[J]. Science, 2016, 352(6292): 1443-1445.
8. Xiao C L, Xu X, Liu S, et al. Experimental and theoretical differential cross sections for a four-atom reaction: HD + OH → H_2O + D[J]. Science, 2011, 333(6041): 440-442.
9. Lu X Y, Park J T, Zhang R, et al. Nematic spin correlations in the tetragonal state of uniaxial-strained $BaFe_{2-x}Ni_xAs_2$[J]. Science, 2014, 345(6197): 657-660.
10. Chang K, Liu J W, Lin H C, et al. Discovery of robust in-plane ferroelectricity in atomic-thick SnTe[J]. Science, 2016, 353(6296): 274-278.
11. Cao T, Wang G, Han W P, et al. Valley-selective circular dichroism of monolayer molybdenum disulphide[J]. Nature Communications, 2012, 3: 887.
12. Zhang Y, He K, Chang C Z, et al. Crossover of the three-dimensional topological insulator Bi_2Se_3 to the two-dimensional limit[J]. Nature Physics, 2010, 6: 584-588.
13. Feng B J, Ding Z J, Meng S, et al. Evidence of silicene in honeycomb structures of silicon on Ag(111)[J]. Nano Letters, 2012, 12(7): 3507-3511.
14. Peng B, Özdemir S K, Lei F C, et al. Parity-time-symmetric whispering-gallery microcavities[J]. Nature Physics, 2014, 10: 394-398.
15. Xiang Z L, Ashhab S, You J Q, et al. Hybrid quantum circuits: Superconducting circuits interacting with other quantum systems[J]. Reviews of Modern Physics, 2013, 85(2): 623-653.
16. Xu G, Weng H M, Wang Z J, et al. Chern semimetal and the quantized anomalous Hall effect in $HgCr_2Se_4$[J]. Physical Review Letters, 2011, 107(18): 186806.
17. Liu Z K, Jiang J, Zhou B, et al. A stable three-dimensional topological Dirac semimetal Cd_3As_2[J]. Nature Materials, 2014, 13: 677-681.
18. Chen L, Liu C C, Feng B J, et al. Evidence for Dirac fermions in honeycomb lattice based on silicon[J]. Physical Review Letters, 2012, 109: 056804.

19. Zhang Y, Yang L X, Xu M, et al. Nodeless superconducting gap in $A_xFe_2Se_2$ (A=K, Cs) revealed by angle-resolved photoemission spectroscopy[J]. Nature Materials, 2011, 10: 273-277.
20. Tan S Y, Zhang Y, Xia M, et al. Interface-induced superconductivity and strain-dependent spin density waves in FeSe/$SrTiO_3$ thin films[J]. Nature Materials, 2013, 12: 634-640.

附录2　获得国家科学技术奖励项目

"单量子态的探测及相互作用"获得国家科学技术奖励项目一览表

项目批准号	获奖项目名称	完成人（排名）	完成单位	获奖项目编号	获奖类别	获奖等级	获奖年份
90921004	40K 以上铁基高温超导体的发现及若干基本物理性质研究	赵忠贤（1） 方忠（5）	中国科学院物理研究所	2013-Z-102-1-01	Z	一等奖	2013
90921000	量子反常霍尔效应的实验发现	薛其坤（1）	清华大学		Z	一等奖	2018
91021011	微器件光学及其相关现象的研究	吴颖（1）	华中科技大学	2010-Z-107-2-01	Z	二等奖	2010
90921008	电荷转移分子体系光学非线性及超快全光开关实现	龚旗煌（1）	北京大学	2011-Z-102-2-03	Z	二等奖	2011
90921003	流体力学与量子力学方程组的若干研究	张平（1）	中国科学院数学与系统科学研究院	2011-Z-101-2-01	Z	二等奖	2011
91021007	轻元素新纳米结构的构筑、调控及其物理特性研究	王恩哥（1）	中国科学院物理研究所	2011-Z-102-2-02	Z	二等奖	2011
90921003	低维强关联电子系统中的奇异自旋性质理论研究	张平（3）	北京应用物理与计算数学研究所	2012-Z-102-2-01-R03	Z	二等奖	2012
91021005	基于核自旋的量子计算研究	杜江峰（1）	中国科学技术大学	2012-Z-102-2-03	Z	二等奖	2012
91221205	量子通信与量子算法的物理基础研究	龙桂鲁（1）	清华大学	2013-Z-102-2-04	Z	二等奖	2013
91221301	态 - 态分子反应动力学研究	张东辉（1） 戴东旭（3） 肖春雷（4）	中国科学院大连化学物理研究所	2014-Z-103-2-01-R01	Z	二等奖	2014

续表

项目批准号	获奖项目名称	完成人（排名）	完成单位	获奖项目编号	获奖类别	获奖等级	获奖年份
91021006	真空紫外激光角分辨光电子能谱对高温超导机理相关科学问题的研究	周兴江（1）	中国科学院物理研究所	2015-Z-102-2-01	Z	二等奖	2015
91221303	铁基超导体电子结构的光电子能谱研究	封东来（1）	复旦大学	2015-Z-102-2-03-R01	Z	二等奖	2015
90921005	磁电演生新材料及高压调控的量子序	靳常青（1）	中国科学院物理研究所	2016-Z-102-2-02-R01	Z	二等奖	2016
91321312	低发射角半导体光子晶体激光器关键技术及应用	郑婉华（1）	中国科学院半导体研究所	2017-F-30701-2-03	F	二等奖	2017
90921000	高可靠性氮化镓基半导体发光二极管材料技术及应用	陆卫（1）	中国科学院上海技术物理研究所	2011-F-219-2-02	F	二等奖	2011

注：1. 承担项目的专家获得国家级科技奖励共计 15 项，其中国家自然科学奖一等奖 2 项、二等奖 11 项，国家技术发明奖二等奖 2 项。此外，获得未来科学大奖（物质科学奖）1 项，何梁何利基金科学与技术成就奖 2 项，何梁何利基金科学与技术进步奖 3 项，中国科协求是杰出科学家奖 1 项，中国科协求是杰出科技成就集体奖 1 项，中国科学院杰出科技成就奖 1 项。表中只列出了与本重大研究计划资助项目有关的完成人；括号中为排名顺序。

2. 获奖类别中，“Z”代表国家自然科学奖，“F”代表国家技术发明奖。

附录3　代表性发明专利

“单量子态的探测及相互作用”代表性发明专利一览表

项目批准号	发明名称	发明人（排名）	专利号	专利申请时间	专利权人	授权时间
90921005	一种掺杂 Mott 化合物晶体及其制备方法	靳常青（3）	ZL201110127442.9	2011-05-17	中国科学院物理研究所	2013-06-05
90921002	一种基于二维晶格的紫外单波长 MSM 光电探测器	康俊勇（1）	ZL201310461747.2	2013-09-30	厦门大学	2016-01-20
90921012	一维材料的轴向热导率的测定方法	张霄（1） 周维亚（2） 解思深（3）	ZL201410681975.5	2014-11-24	中国科学院物理研究所	2017-02-01
91021005	脉冲产生方法及装置	杜江峰（1）	ZL201110111259.X	2011-04-29	中国科学技术大学	2014-01-15
91021005	一种频率幅度相位快速可调型微波发生器	杜江峰（1）	ZL201110328398.8	2011-10-26	中国科学技术大学	2014-07-16
91021015	Bi 元素调控 GaAs 基纳米线晶体结构的分子束外延生长方法	陈平平（1） 卢振宇（2）	CN201310251573.7	2013-06-21	中国科学院上海技术物理研究所	2015-07-29
91121009	基于竖直排列半导体纳米线的光电探测器制备方法	李天信（2） 陈平平（5）	ZL201310591009.X	2013-11-21	中国科学院上海技术物理研究所	2016-02-17
91121014	一种极低温下半导体量子点低噪测量系统	郭国平（2）	ZL201310125176.5	2013-04-12	中国科学技术大学	2015-05-27
91121019	一种结合单量子点定位功能的激光直写光刻系统	许兴胜（1）	CN201510067561.8	2015-02-06	中国科学院半导体研究所	2017-05-03
91121022	降低纳米线单光子探测器件非本征暗计数的方法及器件	尤立星（1）	CN201410106302.7	2014-03-20	中国科学院上海微系统与信息技术研究所	2016-03-16
91221201	天线耦合太赫兹探测器	张月蘅（3）	ZL201310079737.2	2013-03-13	上海交通大学	2016-04-13

续表

项目批准号	发明名称	发明人（排名）	专利号	专利申请时间	专利权人	授权时间
91221201	基于光子频率上转换的太赫兹成像器件、转换方法	张月蘅（3）	ZL201210287273.X	2012-08-13	上海交通大学	2015-10-28
91321311	半导体量子阱中载流子浓度的测量方法	李天信（1）	CN201210275822.1	2012-08-03	中国科学院上海技术物理研究所	2015-01-07
91321312	On-chip path-entangled photonic sources based on periodical poling and waveguide circuits in ferroelectric crystals	徐平（1） 祝世宁（3）	US 9,274,274 B1	2016-01-06	南京大学	2016-03-01
91321313	GaAs 基二维电子气等离子体震荡太赫兹探测器的方法	徐建星（1） 牛智川（2）	CN201510175330.9	2015-04-14	中国科学院半导体研究所	2016-08-17
91321208	叉指电容的制备方法及形成相邻的蒸镀图案的方法	赵士平（7）	ZL201410475485.X	2014-09-17	中国科学院物理研究所	2017-04-05
91421108	一种利用闭循环制冷机致冷的低温扫描隧道显微镜	吴施伟（1）	CN201410091094.8	2014-03-13	复旦大学	2015-12-09
91421110	薄膜沉积制备装置和方法	熊杰（2）	ZL201410250562.1	2014-06-08	电子科技大学	2016-08-24
91421111	基于单个囚禁离子的单光子源	陈亮（1） 何九洲（2）	ZL201710043857.5	2017-01-21	中国科学院武汉物理与数学研究所	2018-02-27
91421303	一种基于纳米线的平面环栅晶体管及其制备方法	黄少云（2） 徐洪起（3）	CN201410081196.1	2014-03-06	北京大学	2017-09-29

注：1. 表中只列了由本重大研究计划资助、已获授权的代表性发明专利 20 项。
　　2. 只列举了与本重大研究计划资助项目有关的发明人，括号中为排名顺序。

附录 4　人才队伍培养与建设情况

本重大研究计划的实施，不仅在单量子态探测及相互作用的关键基础科学问题方面有所突破，而且凝聚了相关领域的科研人才，培养和造就了一批核心骨干和优秀学术团队。

本重大研究计划培养了一批优秀学术带头人，形成了优秀的学术团队。参研人员中，7 人当选中国科学院院士，11 人成为国家杰出青年科学基金获得者，4 人成为长江学者特聘教授，9 人成为国家“万人计划”科技创新领军人才，17 人获得优秀青年科学基金项目资助，5 人成为青年长江学者，2 人成为国家“万人计划”青年拔尖人才，1 人入选国家百千万人才工程“有突出贡献中青年专家”。

通过集成项目，本重大研究计划突破了研究部门和研究方向的限制，形成了一批交叉学科的研究平台和团队，协同攻关核心科学问题，促进了多学科交叉耦合，增强了跨学科方向的协同创新能力，支撑我国单量子态探测及其相互作用研究的可持续发展。

本重大研究计划培养了大批研究生并输送到相关院校和科研单位，吸引了一批年轻学者加入本领域的研究，培养了一批有潜力的优秀青年学术骨干，为我国的单量子态探测及相互作用领域研究的可持续发展奠定了人才基础。

索　引

（按拼音排序）

图书在版编目（CIP）数据

单量子态的探测及相互作用 / 单量子态的探测及相互作用项目组编. —杭州：浙江大学出版社，2020.4

ISBN 978-7-308-19773-1

Ⅰ.单… Ⅱ.①单… Ⅲ.①量子力学—应用—粒子探测—研究 Ⅳ.①O571.1

中国版本图书馆CIP数据核字（2019）第264200号

单量子态的探测及相互作用

单量子态的探测及相互作用项目组　编

从书统筹　国家自然科学基金委员会科学传播中心
唐隆华　张志旻　齐昆鹏
策划编辑　徐有智　许佳颖
责任编辑　金佩雯
责任校对　郝　娇
封面设计　程　晨
出版发行　浙江大学出版社
（杭州市天目山路148号 邮政编码310007）
（网址：http://www.zjupress.com）
排　　版　杭州隆盛图文制作有限公司
印　　刷　浙江海虹彩色印务有限公司
开　　本　710mm×1000mm 1/16
印　　张　9
字　　数　125千
版 印 次　2020年4月第1版 2020年4月第1次印刷
书　　号　ISBN 978-7-308-19773-1
定　　价　88.00元